房屋建筑学课程设计指导

主　编　王钟箐
副主编　雍　军　罗文凯　廖　贤

U0234641

北京理工大学出版社
BEIJING INSTITUTE OF TECHNOLOGY PRESS

内 容 简 介

本教材以项目为载体，主要包括建筑设计和构造设计两大类。建筑设计选取学生周围常见的，较为熟悉的住宅建筑和公共建筑中的典型设计内容，如学生公寓、中学食堂等为设计任务内容；构造设计以典型节点为设计内容，详细介绍建筑设计和构造设计的原则、步骤和方法。

图书在版编目（CIP）数据

房屋建筑学课程设计指导／王钟箐主编. -- 北京：
北京理工大学出版社，2016.1（2025.1 重印）
ISBN 978-7-5682-1821-4

Ⅰ. ①房…　Ⅱ. ①王…　Ⅲ. ①房屋建筑学-课程设计
-高等学校-教学参考资料　Ⅳ. ①TU22-41

中国版本图书馆 CIP 数据核字（2016）第 020125 号

责任编辑：陆世立		**文案编辑**：赵　轩	
责任校对：孟祥敬		**责任印制**：李志强	

出版发行 /	北京理工大学出版社有限责任公司	
社　　址 /	北京市丰台区四合庄路 6 号	
邮　　编 /	100070	
电　　话 /	（010）68914026（教材售后服务热线）	
	（010）63726648（课件资源服务热线）	
网　　址 /	http://www.bitpress.com.cn	

版 印 次 /	2025 年 1 月第 1 版第 5 次印刷
印　　刷 /	廊坊市印艺阁数字科技有限公司
开　　本 /	787 mm×1092 mm　1/16
印　　张 /	7.5
字　　数 /	187 千字
定　　价 /	25.00 元

前　言

  《房屋建筑学》是一门实践性很强的课程，不仅要求学生要掌握好理论知识，更重要的是要学以致用，能将理论知识与实践结合起来，因此，需要设置相应的课程设计与理论课程相结合。房屋建筑学课程设计，帮助学生掌握知识点，巩固消化所学理论内容，是培养学生实践能力的重要途径之一。

  本书是针对《房屋建筑学》课程设计环节编写的教材。根据理论课程的教学内容，设计编排配套的设计题目，使理论教学内容和实际设计结合，加深学生对课程内容的理解，加强学生对建筑设计和构造设计的掌握。

  本书共有 11 章，前 6 章为建筑设计的内容，后 4 章为构造设计内容。每一章包含两大部分，分别是设计任务书和设计指导。最后 1 章对建筑制图的基本知识进行了介绍。

  本书在选题上，更注重代表性，选取学生周围常见的、较为熟悉的住宅建筑和公共建筑中的典型设计内容，如学生公寓、小型图书馆等。在设计指导中，重在培养学生的整体观，使学生能够了解建筑设计和构造设计的原则、步骤和方法，并能简单运用。并在书中进入了计算机绘图的章节内容，激发学生对软件学习的兴趣。

  本书的第 1、第 5、第 9、第 11 章由王钟箐编写，第 3、第 4、第 10 章由雍军编写，第 2、第 7 章由廖贤编写，第 6、第 8 章由罗文剀编写。

  由于时间紧迫，编写水平有限，书中必然存在不足之处，请批评指正。

目　录

第1章 住宅建筑设计

1.1 设计任务书

1.1.1 设计题目

单元式多层住宅设计

1.1.2 设计目的

通过住宅建筑的设计训练，使学生能够了解建筑设计的基本原理，了解建筑设计的基本步骤和方法，能运用基本理论和设计方法进行住宅建筑的初步设计。

1.1.3 设计条件

1）本建筑位于一城市居住小区内，基地大小和环境条件自定。

2）住宅应按套型设计，每套住宅应设主要房间（卧室、起居室）和辅助房间（厨房、卫生间）等基本功能空间。

3）住宅套型各功能空间的要求如表1.1：

表1.1 住宅套型各功能空间设计要求

类别	房间名称	使用面积要求	采光通风要求	其他
主要房间	卧室	双人卧室≥9 m²； 单人卧室≥5 m²； 兼起居的卧室≥12 m²	直接采光 自然通风	每套住宅应在客厅或卧室设置一生活阳台
	起居室	起居室≥10 m²。 无直接采光的餐、客厅等面积≤10 m²	直接采光 自然通风	
辅助房间	厨房	厨房≥4 m²	直接采光 自然通风	宜布置在套内近入口处
	卫生间	卫生间≥2.5 m²		至少应配置三件卫生洁具（便器、洗浴器、洗面器）

4）层高为2.8 m，层数为5层。

5）结构按砖混结构考虑，承重方向的开间或进深应尽量符合建筑模数。砖墙厚度为240 mm。

1.1.4 设计任务和要求

1）在功能分析的基础上，正确设计套型内各功能房间平面及组合。使套型合理、流线简捷、使用方便。满足采光、通风要求；

2）需设计两个不同的套型，并组合成两个住宅单元。组合形式为图1.1所示；

3）使用尺规、A2图纸，确保各功能空间投影关系正确，符合建筑设计规范要求，完成两个单元的住宅建筑设计图。因无结构、水、电等工种相配合，故只能局部做到建筑施工图的深度。设计内容如下：

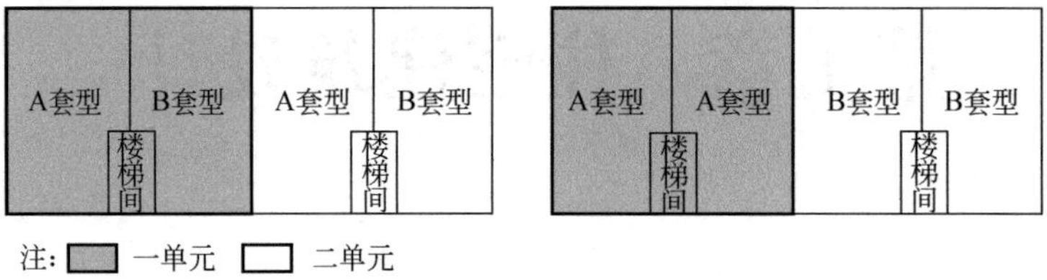

图 1.1 住宅单元组合示意图

① 建筑平面图 比例 1∶100；

a．绘制 2 个平面图，包括底层平面图和标准层平面图。

b．标注各部分尺寸：

外部尺寸：三道尺寸（即总尺寸、轴线尺寸、墙段和门窗洞口尺寸）；

内部尺寸：内部墙段、门窗洞口、墙厚等细部尺寸。

c．标注楼面标高。

d．标注定位轴线及轴线编号、门窗编号、剖切符号和详图索引符号等。

e．注写图名和比例。

② 建筑立面图 比例 1∶100；

a．绘制 3 个立面图，即正立面——住宅楼梯入口面立面图，背立面和一侧立面。

b．表明建筑外形及门窗、雨篷、外廊等配件的形式和位置，注明外墙饰面材料和做法。

c．标注边轴线及编号，注写图名、比例。

③ 建筑剖面图 比例 1∶50；

a．须剖切到楼梯，不同的楼梯需要绘制不同的剖面。

b．绘出剖切到或投影可见的固定设备。

c．标注室内外地面、楼面、平台面、门窗洞口顶面和底面以及檐口底面或女儿墙顶面等处的标高。

d．标注建筑总高、层高以及门窗洞口和窗间墙等细部尺寸。

e．标注主要轴线及编号、详图索引号，注写图名和比例。

④ 屋顶平面图 比例 1∶100；

a．表示出各坡面交线、檐沟或女儿墙和天雨水口和屋面上人孔、烟囱等位置，标注排水方向和坡度值。

b．标注屋面标高，标注屋面上人孔等突出屋面部分的有关尺寸。

c．标注各转角处的定位轴线和编号。

d．外部标注两道尺寸（即轴线尺寸和雨水口到邻近轴线的距离和雨水口的间距）。

e．标注详图索引符号，注写图名和比例。

⑤ 建筑详图 比例自选

a．要求选择 3 个有代表性的节点（须包含 2 个屋面节点），表示清楚各部分的构造关系，标注有关细部尺寸、做法说明等。

b．标注详图符号，注写图名和比例。

⑥ 设计说明和门窗明细表。

a．设计说明：简要说明工程概况、设计依据和标准、构件使用材料和建筑做法等。

b．门窗明细表：根据建筑工程具体情况，填写表 1.2：

表 1.2　门窗明细表

门窗编号	名称	洞口尺寸/mm		数量/樘		备注
		宽	高	一单元数量	合计	
M-1						
……						
C-1						
……						

1.1.5　参考资料

● 《房屋建筑学》教材
● 《住宅设计规范》及相关建筑设计规范
● 《住宅建筑设计原理》，中国建筑工业出版社
● 建筑设计资料集第 1～3 集
● 《中小型民用建筑图集》
● 《民用建筑设计通则》
● 建筑制图相关规范、标准

1.2　设　计　指　导

1.2.1　住宅套型设计

1．住宅套型组成部分及功能分析

住宅是供家庭居住使用的建筑。住宅的设计应按套型来设计。所谓套型，是指按不同使用面积（使用面积：房屋实际能使用的面积，不包括墙、柱等结构构造的面积），由卧室、起居室、厨房、卫生间组成的基本住宅单位。

即一住宅套型需要提供能满足住户居住需要的各种功能空间，如工作学习、休息、进餐、盥洗、活动等。一般这些功能空间可归纳为居住、厨卫、交通及其他 3 大部分。

（1）居住空间

居住空间是一套住宅的主体空间，应包括睡眠、起居、工作、学习、进餐等功能空间。在套型设计中，需要按照不同的户型功能要求划分不同的居住空间，确定空间的大小和形状，并考虑家具的布置，合理组织交通，安排门窗位置，同时还需要考虑房间朝向、通风、采光及其他空间环境处理问题。

（2）厨卫空间

厨卫空间是住宅设计的核心部分。它对住宅的功能与质量起着关键作用。厨卫内设备及管线众多，其平面布置需考虑操作流程、人体工效学以及通风换气等多种因素。

（3）交通及其他辅助空间

除了居住和厨卫，套型设计还需要考虑交通联系空间、杂物贮藏空间以及阳台等室外空间及设施。住宅套型功能空间关系见图 1.2。

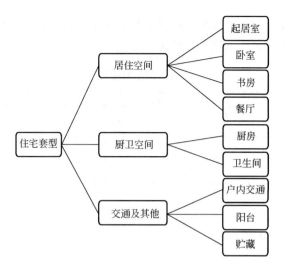

图 1.2　住宅套型设计功能空间示意图

2. 住宅套型各组成部分设计

（1）居住空间设计

居住空间是住户成员工作生活主要活动的场所。住户在居住空间中的活动基本分为两大类：

第一类是集中的活动，如团聚、会客、娱乐、进餐等，常常是家庭成员都聚集在一起，要求有较宽敞的集中活动空间。

第二类是家庭成员分散的活动，如工作、学习、休息等，这些活动要求安静，避免干扰，而活动空间可以小一点。

根据以上活动需要，居住空间一般包括起居室、卧室、书房、餐厅等。

1）卧室设计。卧室是为住户提供睡眠、休息的功能空间，分为主卧室与次卧室。主卧室供住户主人夫妇居住，要求能够布置双人床、衣柜、床头柜等。床是卧室的主要家具，尺寸也较大。一般以床位布置作为卧室开间、进深选择的主要因素。

以床位布置为主的家具布置，就基本确定了卧室的房间净尺寸。双人卧室的使用面积应不小于 9m²，单人卧室为 5m²。主卧室的合适开间有 3.3 m、3.6 m、3.9 m；进深有 3.6 m、4.2 m、4.5 m、4.8 m 等。次卧室的合适开间有 2.7 m、3.0 m、3.3 m；进深有 3.3 m、3.6 m、3.9 m 等。

图 1.3、图 1.4 为卧室的主要设计尺寸以及家具摆放的关系。

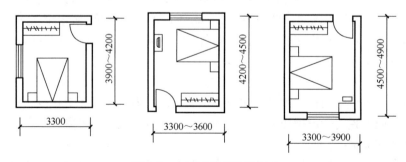

图 1.3　主卧室主要设计尺寸

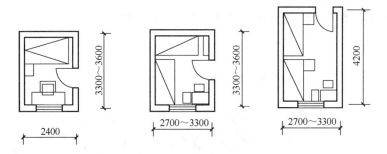

图 1.4 次卧室主要设计尺寸

2）起居室、餐厅设计。起居室主要为住户提供集中活动的空间，基本家具布置主要有沙发、茶几、电视柜等，同时为保证空间能满足家庭成员交流、娱乐、会客等需求，应留有足够的活动空间。起居室的使用面积不应小于 $10 m^2$。图 1.5 为起居室设计示例。

图 1.5 起居室布置

餐厅为住户提供就餐的空间，基本家具布置有餐桌和餐椅。我国目前的城市住宅设计中，往往将餐厅与客厅连在一起，布置在一个大空间中，可以节省空间和面积。如图 1.6。

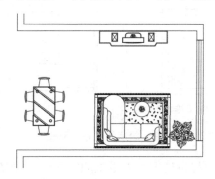

图 1.6 起居室与餐厅设置

3）书房。书房主要为住户提供看书、学习的空间，基本家具主要有书柜、书桌、凳子等。如图 1.7。

（2）厨卫空间设计

厨卫空间是住宅设计的核心内容，它对住宅的功能和质量起关键作用。厨卫内的设备设施和管线布置较多，其平面布置涉及到操作流程、人体工效学以及通风换气等因素，且设备安装后移动、改装困难，因此设计时必须慎重考虑、认真对待。

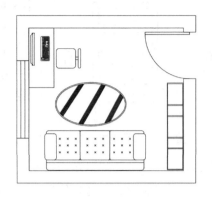

图 1.7 书房布置

1）厨房。厨房主要为住户提供餐食准备的空间，其设备设施密集、使用频繁，烹饪过程中产生大量油烟、水汽，因此，其位置和内部设计十分重要。

① 厨房的操作流程和设备。

② 厨房的设计需要满足厨房作业的基本流程如图1.8所示：

图 1.8 基本流程图

与此相对应的厨房设备包括橱柜、洗涤槽、灶台等等，这些设备的安置顺序应与厨房作业的基本流程相一致。通常布置方式主要有一字形、双排形、L 形和 U 字形（图 1.9）。厨房内要考虑能够贮藏粮食、蔬菜、烹饪炊具、餐具等的空间，一般设置地柜、吊柜、置物架等设备来尽量利用厨房空间。

 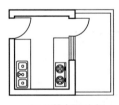 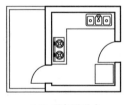 

(a) 单排布置形式   (b) 双排布置形式   (c) L形布置形式   (d) U形布置形式

图 1.9 厨房常见布置形式

2）卫生间。卫生间为住户提供处理个人卫生的空间。一般容纳盥洗、便溺、洗浴功能。相对应布置卫生间设备"三件套"——洗手盆、便盆、淋浴器。

安置卫生间各设备，设备相互之间的尺寸应充分满足人体尺寸和人体活动的需要，不能布置下设备后，人体活动空间尺寸不够，这样会严重影响使用功能。图 1.10 是卫生间常见布置。

常见卫生间的设备参考尺寸如图 1.11 所示。

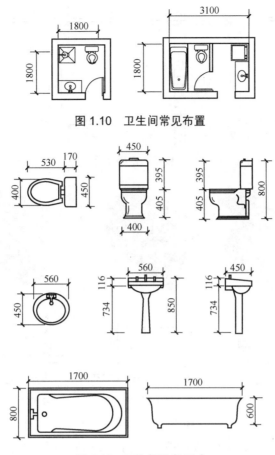

图 1.10 卫生间常见布置

图 1.11 卫生间设备尺寸

（3）交通及其他空间设计

1）交通联系空间。包括套型内门斗、过道、过厅及户内楼梯等。在面积允许的情况下入户处设置门斗或前室，可以起到户内外的缓冲与过渡作用，不但有利于隔声、防寒，同时提供换鞋、挂衣等空间。过道或过厅是套型内房间联系的枢纽，合理地设置过道或过厅，有利于避免房间穿套，集中房间开门位置。

套内入口过道净宽不宜小于 1.20 m；通往卧室、起居室（厅）的过道净宽不应小于 1.00 m；通往厨房、卫生间、贮藏室的过道净宽不应小于 0.9 m。

2）贮藏空间。住宅应提供一定的空间供住户贮藏各种物品。套型内或者设置单独的小房间，如贮藏室，或者利用楼层空间做成吊柜，或者是利用房间平面的凹凸处做成壁柜，来提供贮藏空间。

图 1.12 为常见壁柜、吊柜的做法。

3）阳台。阳台按其使用性质可以分为生活阳台和服务阳台。生活阳台常设在居住空间部分，服务阳台供厨房使用。阳台按构造形式分为凸阳台、凹阳台和半凸半凹阳台（图 1.13）。因是室外空间，阳台板面需设置排水坡度，且标高低于室内地面 30～50 mm。

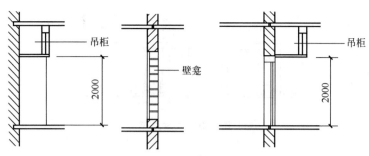

图 1.12　壁柜、吊柜常见做法

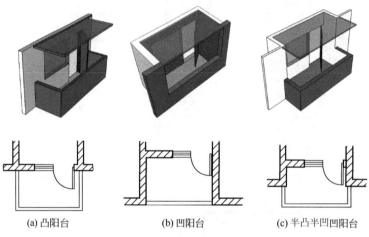

(a) 凸阳台　　　　　(b) 凹阳台　　　　(c) 半凸半凹阳台

图 1.13　阳台形式

阳台栏板或栏杆净高,6 层及 6 层以下不应低于 1.05 m;7 层及 7 层以上不应低于 1.10 m。

（4）门窗设置

门窗的设置要有利于提高房间的使用率,有利于采光和有利于通风。

1）房间门。门的设置,既要考虑门的位置,还要考虑门的尺寸和开启方向,且交通流线应短捷便利。

入户门宜朝外开,尽量少占室内空间;套型内的门开启方向往往是向居室内开,门打开后可以靠着墙壁或者家具。居室门集中设置时,门的开启方向要避免相互影响。

门的尺寸要考虑人的通行,还需考虑家具设备的搬运通过。入户门洞口尺寸不小于宽 1 000 mm,高 2 000 mm;起居室、卧室等房间门洞口尺寸不小于宽 900 mm,高 2 000 mm。表 1.3 为住宅各房间门洞的最小尺寸。

表 1.3　住宅各房间门洞最小尺寸

类别	洞口宽度/m	洞口高度/m
公用外门	1.20	2.00
户（套）门	0.90	2.00
起居室（厅）门	0.90	2.00
卧室门	0.90	2.00
厨房门	0.80	2.00

类别	洞口宽度/m	洞口高度/m
卫生间	0.70	2.00
阳台门（单扇）	0.80	2.00

当卧室的门设置在短边墙时，宜靠墙的一端设置，尽量使门另一端的距离能放床，见图 1.14（a）；当卧室门设置在长边墙时，可将门向中间靠，让一边的墙段长度大于 500～600 mm，使得房间的四面墙都能提供放置家具的空间，见图 1.14（b）。

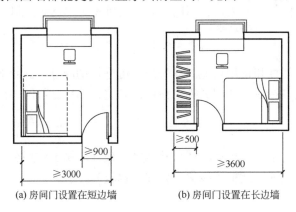

(a) 房间门设置在短边墙　　　(b) 房间门设置在长边墙

图 1.14　房间门的设置

2）阳台门。生活阳台往往与起居室和卧室相连，为了更好地采光通风，可以设置宽度较大的推拉门。服务阳台通常设置在厨房边，一般仅考虑人的通过，其门洞的宽度不小于 700 mm；若在服务阳台上设置洗衣机等较大家电的位置，为了家电的搬运，需要加大门洞宽度。

当卧室同时设置居室门和阳台门时，为了通行流线短捷，通常将卧室门和阳台门设置在同侧，减小室内交通面积。如图 1.15。

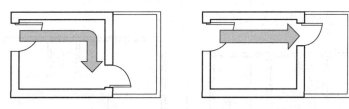

图 1.15　阳台门的设置

3）窗。窗户的位置和大小确定受采光通风、家具布置的影响，同时还要考虑住宅立面设计的美学问题。窗台高一般为 900 mm，当低于 900 mm 时，需要设置防护措施。窗户的面积大小受采光影响。从室内摆放家具的角度考虑，窗户的位置宜靠房间外墙的中部设置，或设置了窗户后，窗户一边的墙段在 900～1 500 mm，以满足布置一张床的可能。

1.2.2　套型空间组合

套型内各功能不同的部分，需要通过合理的方式组合在一起，充分考虑功能分区、采光通风、厨卫布置等多种因素，才能满足不同住户的使用需求，创造一个舒适、安全、卫生、美观的居住空间。

1. 功能分区

套型内功能分区，就是根据各功能空间的使用对象、性质及使用时间等进行合理组织，使性质和使用要求相近的空间组合在一起，避免性质和使用要求不同的空间相互干扰。基本的分区有：

（1）公私分区

也称内外分区，是将住宅套型的组成部分按照使用的私密程度划分。住宅中，起居室、餐厅、厨房、客用卫生间等为外人可使用的空间，而卧室、书房、主卧卫生间等为住户的私密空间，应当设置在户内靠里的位置。

（2）动静分区

根据住户使用的时间性和使用功能的动与静，可进行动静分区。起居室、餐厅、厨房等部位是住宅的动区，大多在白天和部分晚上使用；卧室、书房是静区，或是晚上使用，或是需要安静的环境决定。

（3）洁污分区

将可能产生油烟、污水、垃圾等区域与其他区域分开，属于洁污分区。因此可将厨房、卫生间集中布置，这样处理还能把管线集中处理，也较为经济。

2. 套型空间组合

（1）套型空间组合主要包括

1）一室一厅：一间卧室，一间客厅兼餐厅。适合单身年轻人或两口之家居住。

2）二室两厅：二间卧室，一间客厅，一间餐厅。适合三口之家居住。

3）三室两厅：三间卧室，一间客厅，一间餐厅。适合三口之间或三辈同堂居住。

4）四室两厅：四间卧室，一间客厅，一间餐厅。适合三辈或以上同堂居住。

（2）朝向

在套型的设计中，当一个套型有两个朝向时，应将居室，特别是起居室应优先布置在较好的朝向，见图1.16（a）；当一个套型只有一个朝向时，如一梯三户组合形式中处于中间位置的套型，应将这个套型布置在较好的朝向，见图1.16（b）。

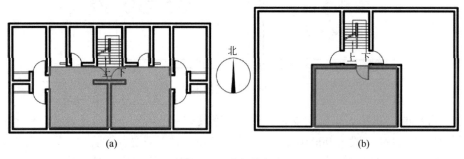

图 1.16　房间的朝向

（3）厨卫的位置布置

厨房和卫生间设备设施较多，使用频繁，且产生垃圾和污水，所以厨卫的位置应尽量靠近出入口，使路线较为短捷。同时，为了节约管线的敷设，应使厨房和卫生间相邻布置。图1.17为厨卫布局的参考示例。

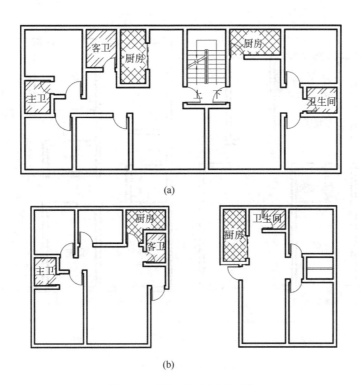

(a)

(b)

图 1.17 厨卫位置布置示例

（4）套型参考实例

各种套型示例见图 1.18。

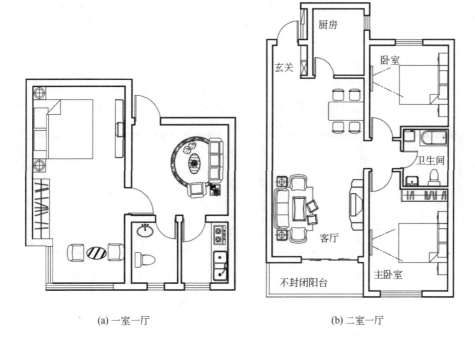

(a) 一室一厅

(b) 二室一厅

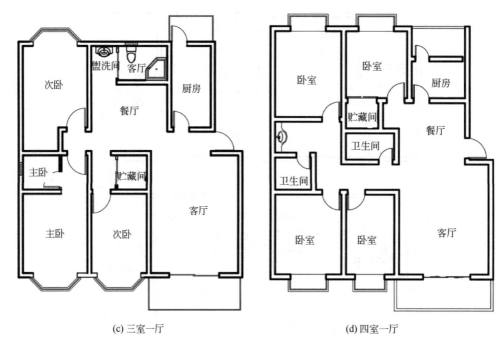

(c) 三室一厅　　　　　　　　　　　　　(d) 四室一厅

图 1.18　套型示例

1.2.3　单元组成

多层住宅，常采用单元式将套型空间组合在一起。所谓单元式，也称梯间式，是将楼梯间作为组合要素，几个套型围绕楼梯间进行相邻布置，每一个单元的住户由楼梯平台直接进入户内的方式。一般每个单元有 2～4 套相同或不相同的户型，即"一梯两户"、"一梯三户"、"一梯四户"。

1. 一梯两户的单元组成

即一个单元每层由两套户型组成。每个户型有两个朝向，便于组织采光与通风。两套户型可以相同，也可以不同。楼梯间可南向布置，也可北向布置，由具体情况而定。见图 1.19。

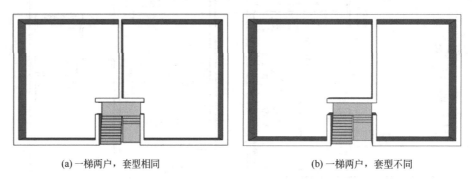

(a) 一梯两户，套型相同　　　　　　　　　(b) 一梯两户，套型不同

图 1.19　一梯两户布置简图

2. 一梯三户的单元组成

每个单元每层由三套户型组成的形式。两端两套有两个朝向，但中间一户通常只有单朝

向，通风状况稍差。这种单元形式北方地区采用较多。见图1.20。

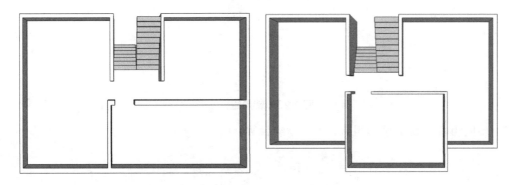

图1.20 一梯三户布置简图

3. 一梯四户的单元组成

每层由四套户型组成，提高了楼梯利用率。见图1.21。

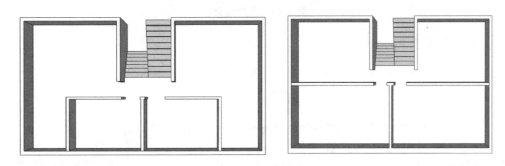

图1.21 一梯四户布置简图

1.2.4 单元组合

一栋多层住宅通常由几个单元组合而成。单元组合的方式有：

1）单向组合：将每个单元进行一个方向的组合，组合形式可以是平直的，也可以是相错锯齿状的。

图1.22 单向组合

2）转向组合：将单元组合的方向进行了转折，以适应建筑基地的形状。

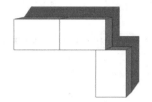

图 1.23　转向组合

3）多向组合。如 Y 字形组合，Z 字型组合等。

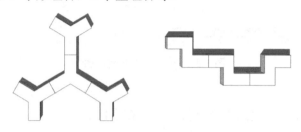

图 1.24　多向组合

1.2.5　参考示例

图 1.25～图 1.29 为一住宅楼的平、立、剖面图及三维渲染图示例。

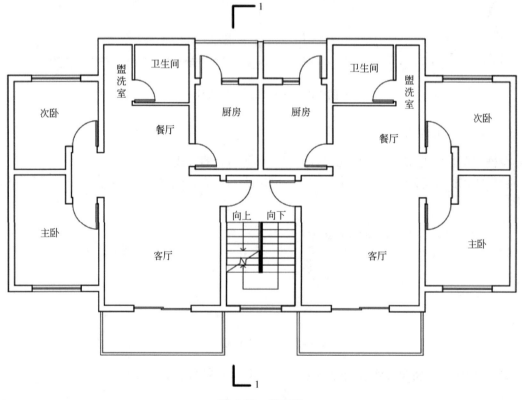

图 1.25　平面图

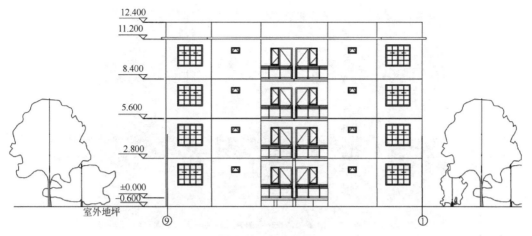

图 1.26 北立面图

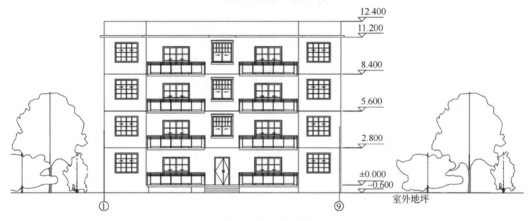

图 1.27 南立面

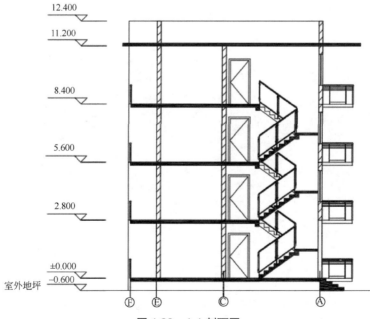

图 1.28 1-1 剖面图

图 1.29　外观渲染图

第 2 章　学生公寓建筑设计

2.1　设计任务书

2.1.1　设计题目

某中学学生公寓楼设计

2.1.2　设计目的

通过对公寓类建筑的设计，使学生能够了解平面设计的基本原理，初步掌握小型民用建筑设计的的原则和方法，能够运用所学，对单个房间和房间平面组合进行设计，并进一步训练和提高学生的绘图能力和绘制表达方法。

2.1.3　设计条件

1）建设地点位于某中学校园内，基地大小和环境条件自定。

2）该学生公寓楼建筑面积 1 000～1 200 m²。层数 4 层。

3）学生公寓楼应包含学生居住居室单元以及管理用房、后勤用房等。具体设计内容和要求见表 2.1 所示。

表 2.1　学生公寓楼各功能空间设计要求

房间名称	使用面积要求	功能要求
学生居室	每间居住 2～4 人，面积≯30 m²/间	每间须设置卫生间，可供学生盥洗、淋浴、清洁等
活动室	面积≯60 m²/间	每层设置一间，供学生娱乐、交流使用
门卫室（值班室）	面积≯20 m²	设置在底层门厅附近，可供值班使用
工具房	面积≯10 m²	与门卫室相邻设置，存放勤杂工具等
交通空间		包含门厅、走廊、楼梯等

2.1.4　设计任务和要求

1）在功能分析的基础上，正确设计各功能房间平面及组合。使功能合理、流线简捷，使用方便。满足采光、通风要求；

2）使用尺规、A2 图纸，确保各功能空间投影关系正确，符合建筑设计规范要求，完成以下设计内容：

① 建筑平面图　比例 1∶100；

a. 绘制 2 个平面图，包括底层平面图和标准层平面图。

确定各房间的形状、尺寸及位置；确定门窗的大小位置，表示门窗的开启方向；表示楼梯的踏步、平台及上下行走指示线并标注踏步数；标注房间名称。

b. 标注各部分尺寸：

外部尺寸：三道尺寸（即总尺寸、轴线尺寸、墙段和门窗洞口尺寸）；

内部尺寸：内部墙段、门窗洞口、墙厚等细部尺寸。

c. 标注楼面标高。

d. 标注定位轴线及轴线编号、门窗编号、剖切符号和详图索引符号等。

e. 注写图名和比例，在底层平面标注指北针。

② 建筑立面图 比例 1：100；

a. 绘制 3 个立面图，即正立面——学生公寓楼楼梯入口面立面图，背立面和一侧立面。

b. 表明建筑外形及门窗、雨篷、外廊等配件的形式和位置，注明外墙饰面材料和做法。

c. 标注边轴线及编号，注写图名、比例。

③ 建筑剖面图 比例 1：50；

a. 须剖切到楼梯。

b. 标注室内外地面、楼面、平台面、门窗洞口顶面和底面以及檐口底面或女儿墙顶面等处的标高。

c. 标注建筑总高、层高以及门窗洞口和窗间墙等细部尺寸。

d. 标注主要轴线及编号、详图索引号，注写图名和比例。

④ 屋顶平面图 比例 1：100；

a. 表示出各坡面交线、檐沟或女儿墙和天雨水口和屋面上人孔、烟囱等位置，标注排水方向和坡度值。

b. 标注屋面标高，标注屋面上人孔等突出屋面部分的有关尺寸。

c. 标注各转角处的定位轴线和编号。

d. 外部标注两道尺寸（即轴线尺寸和雨水口到邻近轴线的距离和雨水口的间距）。

e. 标注详图索引符号，注写图名和比例。

⑤ 建筑详图 比例自选；

a. 居室放大平面图。比例 1：50

绘制单个居室的平面图，并进行房间的家具布置和卫生间的设备布置，标注家具、设备的尺寸。

b. 选择 2 个有代表性的节点，表示清楚各部分的构造关系，标注有关细部尺寸、做法说明等。标注详图符号，注写图名和比例。

⑥ 设计说明。简要说明工程概况、设计依据和标准、构件使用材料和建筑做法等。

2.1.5 参考资料

● 《房屋建筑学》教材
● 《公共建筑设计原理》，中国建筑工业出版社
● 《宿舍建筑设计规范》
● 《建筑设计资料集》第 1～3 集
● 《中小型民用建筑图集》
● 《民用建筑设计通则》）

● 《建筑设计防火规范》
● 建筑制图相关规范、标准

2.2 设 计 指 导

2.2.1 学生公寓建筑组成部分及功能分析

学生公寓是指有集中管理且供学生使用的居住建筑。

根据学生公寓建筑的功能要求，应包括三个部分：

1）主要房间：附设卫生间的居室单元；

2）辅助房间：公共活动室、管理用房、后勤服务用房、公共卫生间等；

3）交通联系部分：门厅、走廊、楼梯等。

功能分析图见图2.1。

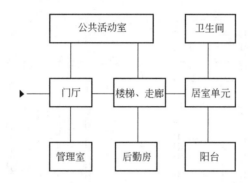

图 2.1 学生公寓楼功能分析图

2.2.2 学生公寓建筑各组成部分平面设计

1. 居室的设计

单个居室的设计，需要确定房间的面积、形状、尺寸以及门窗的位置和尺寸。同时要求居室有良好的朝向、采光通风以及日照条件。

1）居室的面积、尺寸和形状。居室的面积、尺寸的大小主要与房间的居住人数、家具设备的尺寸和布置方式有关。居室根据每间居住人数的不同，可以分为4类，具体类型和人均面积见表2.2。

表 2.2 居室类型与人均使用面积

项目 人数 类型		1类	2类	3类	4类	
每室居住人数/人		1	2	3~4	6	8
人均使用面积 /m²/人	单层床、高架床	16	8	5	—	—
	双层床	—	—	—	4	3
储藏空间		壁柜、吊柜、书架				

为便于家具设备的布置，且使结构简单、施工方便，居室的形状通常为矩形。
居室的类型、面积和尺寸参考见图 2.2。

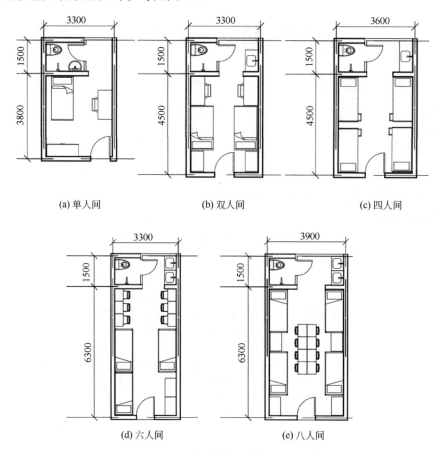

(a) 单人间   (b) 双人间   (c) 四人间

(d) 六人间   (e) 八人间

图 2.2　居室类型

2）每间居室需要附设卫生间和盥洗室，其使用面积不应小于 2 m²，设有淋浴设备或 2 个坐（蹲）便器的附设卫生间，其使用面积不宜小于 3.50 m²。附设卫生间内的厕位和淋浴宜设隔断。

居室宜设计有晾晒功能的阳台，阳台进深不宜小于 1.20 m。

3）居室的家具布置尺寸不应小于下列规定：

① 两个单床长边之间的距离 0.6 m。

② 两床床头之间的距离 0.1 m。

③ 两排床或床与墙之间的走道宽度 1.2 m。

4）居室应有储藏空间，每人净储藏空间不宜小于 0.50 m。

储藏空间的净深不应小于 0.55 m。设固定箱子架时，每格净空长度不宜小于 0.8 m，宽度不宜小于 0.6 m 高度不宜小于 0.45 m。书架的尺寸，其净深不应小于 0.25 m，每格净高不应小于 0.35 m。

5）门窗。居室门窗的设置应便于家具的布置，使交通流线短捷、采光通风良好。

居室和辅助房间的门洞口宽度不应小于 0.90 m，阳台门洞口宽度不应小于 0.80 m，居室内附设卫生间的门洞口宽度不应小于 0.70 m，设亮窗的门洞口高度不应小于 2.40 m，不设亮窗的门洞口高度不应小于 2.10 m。

2. 辅助用房设计

1）公寓建筑内的管理室宜设置在主要出入口处，其使用面积不应小于 8 m²。

2）公寓建筑内宜在主要出入口处设置会客空间，其使用面积不宜小于 12 m²。

3）宿舍建筑内的公共活动室（空间）宜每层设置，100 人以下，人均使用面积为 0.30 m²；101 人以上，人均使用面积为 0.20 m²。公共活动室（空间）的最小使用面积不宜小于 30 m²。

4）公寓建筑内宜设公共洗衣房，也可在盥洗室内设洗衣机位。

5）居室附设卫生间的公寓建筑宜在每层另设小型公共厕所，其中大便器、小便器及盥洗龙头等卫生设备均不宜少于 2 个。公共厕所应设前室或经盥洗室进入，前室和盥洗室的门不宜与居室门相对。

3. 交通联系部分设计

（1）楼梯

1）楼梯间应直接采光、通风。

2）楼梯门、楼梯及走道总宽度应按每层通过人数每 100 人不小于 1 m 计算，且梯段净宽不应小于 1.20 m，楼梯平台宽度不应小于楼梯梯段净宽。

3）宿舍楼梯踏步宽度不应小于 0.27 m，踏步高度不应大于 0.165 m。扶手高度不应小于 0.90 m。楼梯水平段栏杆长度大于 0.50 m 时，其扶手高度不应小于 1.05 m。

（2）门厅

门厅应与主要楼梯、水平主要干道相连。门厅处应设置雨棚。

4. 各部分高度

1）居室在采用单层床时，层高不宜低于 2.80 m；在采用双层床或高架床时，层高不宜低于 3.60 m。

2）居室在采用单层床时，净高不应低于 2.60 m；在采用双层床或高架床时，净高不应低于 3.40 m。

3）辅助用房的净高不宜低于 2.50 m。

4）7 层及 7 层以上宿舍或居室最高入口层楼面距室外设计地面的高度大于 21 m 时，应设置电梯。

5）宿舍的外窗窗台不应低于 0.90 m，当低于 0.90 m 时应采取安全防护措施。

5. 平面组合设计

公寓建筑的平面组合形式有走廊式和单元式。

单元式公寓是采用楼梯作为组合各组成部分的要素，每层的房间围绕楼梯进行布置。走廊式公寓采用走廊作为组合各组成部分的要素，将居室等房间沿走廊布置，走廊式又可分为外廊式和内廊式。较为常用的是走廊式。

外廊式公寓平面简图见图 2.3。

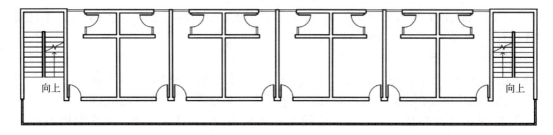

图 2.3　外廊式公寓平面图

内廊式公寓平面简图见图 2.4。

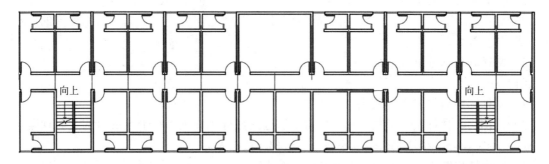

图 2.4　内廊式公寓平面图

单元式公寓见图 2.5。

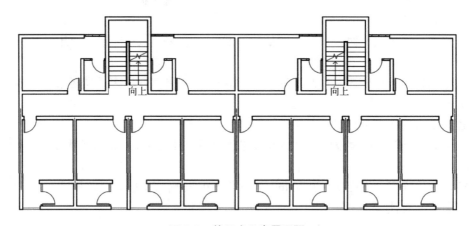

图 2.5　单元式公寓平面图

2.2.3　参考示例

某学生公寓楼设计参考示例见图 2.6～图 2.12。

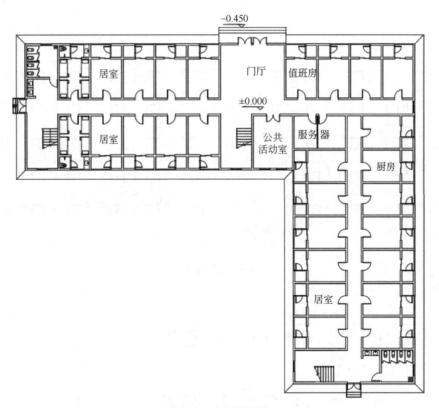

图 2.6　底层平面图

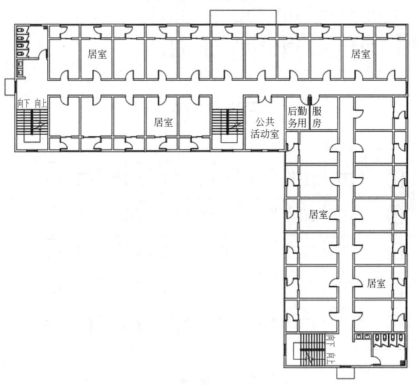

图 2.7　标准层平面图

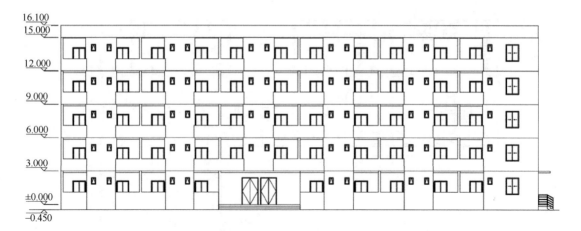

图 2.8　北立面图

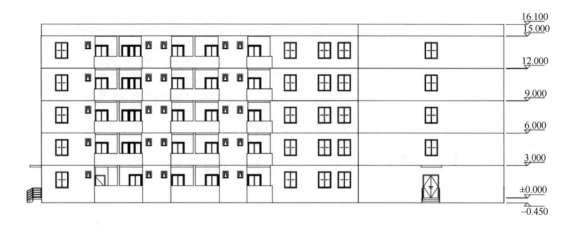

图 2.9　南立面图

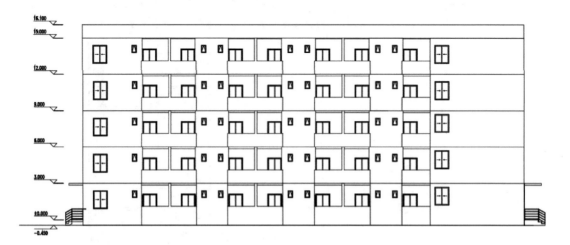

图 2.10　东立面图

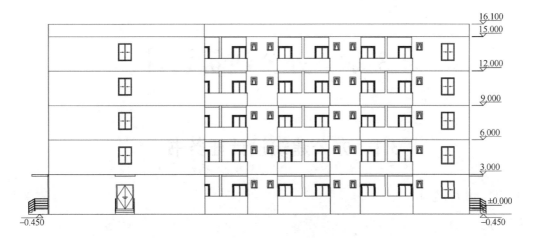

图 2.11　西立面图

图 2.12　学生公寓渲染图

第3章 办公建筑设计

3.1 办公建筑设计任务书

3.1.1 设计题目

两层办公楼设计

3.1.2 设计目的

本设计针对《房屋建筑学》课程中平面设计的相关内容。

通过对办公建筑的设计，使学生能够初步了解建筑设计中竖向功能分区、平面功能分区的概念，单个房间面积、形状和尺寸的确定，以及房间组合、交通流线组织的基本原理。

3.1.3 设计条件

1）两层办公楼建筑面积 400～500 m²；

2）办公楼应包含主要房间（办公室、会议室、接待室、资料室、档案室、阅览室）和辅助房间（传达室、打字复印室、设备室、卫生间）等基本功能空间；

3）办公楼各功能空间的要求如表 3.1 所示：

表 3.1 办公楼各功能空间设计要求

类别	房间名称	面积要求	采光通风要求	其他
主要房间	办公室	普通单间办公室二间，每间 20～25 m²；开放式办公室 50 m² 左右	直接采光 自然通风	开窗尽量朝南，避免西晒，少量房间可朝其它向
	会议室；接待室	会议室 50 m² 左右；接待室 20～25 m²	直接采光 自然通风	
	资料室；档案室；阅览室	资料室、档案室、阅览室各 20～25 m²	直接采光 自然通风	避免西晒
辅助房间	打字复印室；传达室	各 10 m² 左右	尽量直接采光、自然通风	传达室宜布置一层门厅入口处
	设备室	20～25 m²	直接采光 自然通风	出入需方便
	卫生间	20～25 m²，分设男女	直接采光 自然通风	男女至少应该分设 2 个蹲位，洗手台可男女分设，也可合设

3.1.4 设计任务和要求

在合理进行竖向功能分区的基础上，正确进行各层平面功能分析，并合理布置各层功能房间及其平面组合。使建筑功能合理、交通组织流畅、流线简捷、使用方便。满足采光、通风要求。各功能空间投影关系正确，符合建筑设计规范要求。使用尺规，按建筑制图标准规定，使用 A2 图纸，完成以下内容：

1）确定各房间的面积、形状、尺寸、位置及其组合关系；

2）确定门窗位置、大小以及门的形式和开启方向；

3）各层平面图　1∶100 或 1∶200；

要求：应注明房间名称（禁用编号表示），首层平面应表现局部室外环境，画剖切符号，各层平面均应注明标高，同层中有高差变化时须注明。

4）立面图　1∶100 或 1∶200；

要求：不少于两个，其中一个为正立面，制图要求以区分明显的粗细线表达建筑立面各部分的关系

5）剖面图　1∶50 或 1∶100；

要求：不少于两个，应选在具有代表性之处，应注明室内外、各层楼地面及檐口标高，准确表达出梁、楼板、柱、墙体之间的关系。

6）屋顶平面图　1∶100 或 1∶200；

要求：设计屋面排水方案，绘制屋顶平面图，标注屋面部分相关标高和尺寸。

7）详图比例自定；

要求：不少于 3 个。选取典型节点进行节点构造设计，其中须包含一个屋面构造节点。

8）设计说明；

要求：说明本设计方案的设计思路等。

9）技术经济指标：

总用地面积、总建筑面积、建筑密度、绿化率、建筑高度等。

3.1.5　参考资料

● 《房屋建筑学》教材
● 《公共建筑设计原理》，中国建筑工业出版社
● 《办公建筑设计规范》
● 《建筑设计资料集》第 1～第 3 集
● 《中小型民用建筑图集》
● 《民用建筑设计通则》
● 《建筑设计防火规范》
● 建筑制图相关规范、标准

3.2　办公建筑设计指导

3.2.1　办公建筑组成部分及功能分析

办公建筑是供机关、团体和企事业单位办理行政事务和从事各类业务活动的建筑物。办公建筑应根据使用性质、建设规模与标准的不同，确定各类用房。办公建筑由办公室用房、公共用房、服务用房和设备用房等组成，并通过交通空间（门厅、过厅、走道）把各类用房合理组织起来以方便使用。

1. 办公室用房

办公室用房是办公建筑的主要功能房间，是机关、团体和企事业单位工作人员或者来访

人员工作、活动的主要空间。宜有良好的房间朝向、天然采光和自然通风，不宜布置在地下室，且有避免西晒和眩光的措施。

2. 公共用房

公共用房包括会议室、接待室、卫生间等，是办公建筑的次主要空间，是单位工作人员或者来访人员的公共交流、工作、活动空间，宜有良好的房间朝向、天然采光和自然通风。

3. 服务用房

服务用房包括资料室、档案室、阅览室、文秘室、打字复印室等，是办公建筑的辅助配套空间，主要使用功能是服务于单位工作人员或来访人员。

4. 设备用房

办公建筑根据自身需要设置强电、弱电、消防、机房等设备用房。设备用房主要为办公建筑正常使用提供必要的技术设备设施。

5. 交通及其他辅助空间

办公建筑需要考虑合理交通联系空间（走道、门厅、过厅、楼梯），以满足各个功能区的水平及竖向联系。办公建筑功能空间关系见图3.1。

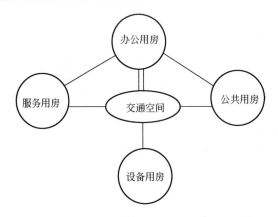

图 3.1　办公建筑功能空间示意图

3.2.2　办公室建筑各组成部分设计

1. 办公室用房设计

根据空间形式需要，办公室用房可以设计成单间办公室、开放式办公室（见图3.2、图3.3），特殊需要还可以设计成带独立卫生间的单元式办公室。

开放式办公室在布置吊顶上的通风口、照明、防火设施等时，宜为自行分隔或装修创造条件。办公室用房布置应相对独立成区，以方便使用。

根据使用功能不同，办公室用房可分为普通办公室和专用办公室。普通办公室每人使用面积不应小于 $4 m^2$，单间办公室净面积不应小于 $10 m^2$。对于有特殊使用功能需求的专用办公室，如绘图室，宜采用开放式办公空间并灵活隔断，每人使用面积不应小于 $6 m^2$。

现代办公室结构类型采用框架结构居多，办公室用房开间应与框架结构柱网尽量保持一致以方便空间分隔。常用单间办公室用房开间有 3.3 m、3.6 m、3.9 m 等，对面积较大的开放式办公室用房，其开间可以取数个单间办公室用房的开间合并为一。

普通办公室侧面采光标准窗地面积比不应低于 1/5，专用办公室（绘图室、设计室）侧面采光标准窗地面积比不应低于 1/3.5。

采用自然通风的办公室，其通风开口面积不应小于房间地板面积的 1/20。办公建筑的开放式、半开放式办公室，其室内任何一点至最近的安全出口的直线距离不应超过 30 m，以保证防火疏散。

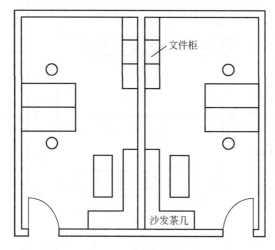

图 3.2　单间办公

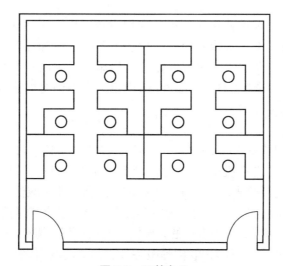

图 3.3　开敞办公

2. 公共用房设计

会议室：根据功能需要可分设中、小会议室和大会议室。

中、小会议室可分散布置，小会议室使用面积宜为 30 m² 左右，中会议室使用面积宜为 60 m² 左右；中小会议室每人使用面积：有会议桌的不应小于 1.80 m²，无会议桌的不应小于 0.80 m²，见图 3.4。大会议室应根据使用人数和桌椅设置情况确定使用面积，平面长宽比不宜大于 2∶1，宜有扩声、放映、多媒体、投影、灯光控制等设施，并应有隔声、吸声和外窗遮光措施；大会议室所在层数、面积和安全出口的设置等应符合国家现行有关防火规范的要求。会议室应根据需要设置相应的贮藏及服务空间。会议室应尽量利用框架结构柱网,其开间可采用办公室一个或多个开间模数。会议室侧面采光标准窗地面积比不应低于1/5。

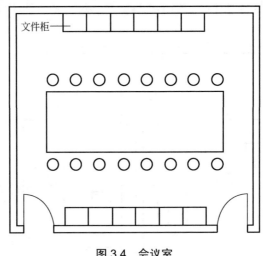

图3.4 会议室

接待室:应根据需要和使用要求设置接待室,可灵活布置位置,也可与办公室成区布置。

卫生间:公用厕所应设供残疾人使用的专用设施;距离最远工作点不应大于 50 m;应设前室,公用厕所的门不宜直接开向办公用房、门厅、电梯厅等主要公共空间;宜有天然采光、通风,条件不允许时,应有机械通风措施;卫生洁具数量应符合现行行业标准《城市公共厕所设计标准》CJJ 14—2005 的规定。卫生间侧面采光标准窗地面积比不应低于 1/12。

3. 服务用房设计

资料室、档案室和阅览室:应采取防火、防潮、防尘、防蛀、防紫外线等措施;地面应用不起尘、易清洁的面层,并有机械通风措施;档案和资料查阅间、图书阅览室应光线充足、通风良好,避免阳光直射及眩光。其侧面采光标准窗地面积比不应低于 1/7。当房间面积较大时应尽量利用框架结构柱网,其开间可采用办公室一个或多个开间模数。

文秘及打字复印室:位置应靠近被服务部门,通风良好,避免阳光直射及眩光。可分设,也可合设,需具有打字、复印、电传等服务性空间。其侧面采光标准窗地面积比不应低于1/7。

4. 设备用房设计

产生噪声或振动的设备机房应采取消声、隔声和减振等措施,并不宜毗邻办公用房和会议室,也不宜布置在办公用房和会议室的正上方。设备用房应留有能满足最大设备安装、检修的进出口,且层高和垂直运输交通应满足设备安装与维修的要求。设备用房面积通常不大,位置布置宜充分考虑于建筑平面拐角、异形等空间处,好处是可以最大化利用建筑空间。

5. 交通及其他辅助空间设计

门厅：办公室建筑门厅起到室内外空间过渡、室内人员分流的作用，门厅内可附设传达、收发、会客、服务、问讯、展示等功能房间(场所)。为了导向明确， 楼梯、电梯间宜与门厅邻近，并应满足防火疏散的要求；严寒和寒冷地区的门厅应设门斗或其他防寒设施；有中庭空间的门厅应组织好人流交通，并应满足现行国家防火规范规定的防火疏散要求。门厅往往由其它建筑功能房间及楼梯、电梯间围合而成。

走道：走道是办公室建筑的重要交通，起到联系各个功能房间、穿针引线的作用。走道的平面形式有一字形、L 形、十字形、回字形等，可以单面布房或双面布房。除了交通作用外，走道还必须满足防火疏散要求。根据走道总长度和是否单双面布房，走道的最小宽度要求有所不同，以保证安全防火疏散。

楼梯、电梯：楼梯是多层办公室建筑重要的竖向交通和防火疏散空间，除主要楼梯可位于门厅附近外，次要楼梯一般宜设置于建筑平面拐角或尽端，以满足建筑设计防火疏散要求。电梯宜设于门厅附近，以保证导向明确。电梯数量应满足使用要求，按办公建筑面积每5 000 m² 至少设置 1 台，5 层及 5 层以上办公建筑应设电梯。

根据办公建筑分类，办公室的净高应满足：一类办公建筑不应低于 2.70 m；二类办公建筑不应低于 2.60 m；三类办公建筑不应低于 2.50 m。办公建筑的走道净高不应低于 2.20 m，贮藏间净高不应低于 2.00 m。

3.2.3 参考示例

图 3.5～图 3.6 为一小型办公楼的设计示例。

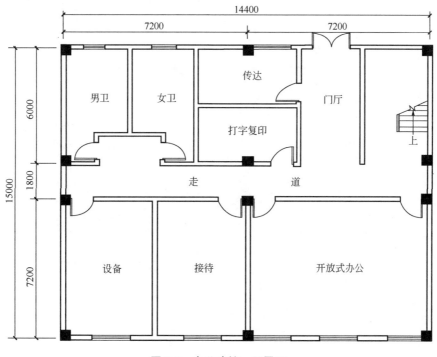

图 3.5 办公建筑一层平面

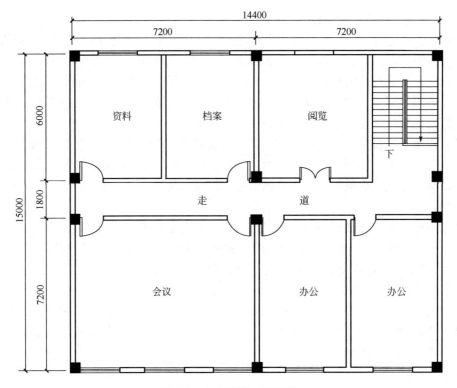

图 3.6 办公建筑二层平面

第4章 小型图书馆建筑设计

4.1 小型图书馆建筑设计任务书

4.1.1 设计题目

两层小型美术图书馆建筑设计

4.1.2 设计目的

本设计针对《房屋建筑学》课程中平面设计的相关内容。

通过对小型图书馆建筑的设计，使学生能够初步了解公共建筑设计中竖向功能分区、平面功能分区的概念，外部公众流线和内部人员流线的区别，以及各个功能房间的有序组合、交通流线的合理组织等基本原理。

4.1.3 设计条件

1）两层小型美术图书馆建筑面积 500~600 m²；

2）小型美术图书馆建筑应包含主要房间（开架书库、阅览室）和辅助房间（办公及技术用房、目录检索及借阅出纳台、卫生间）等基本功能空间；

3）图书馆各功能空间的要求如表 4.1 所示：

表 4.1 办公楼各功能空间设计要求

类别	房间名称	面积要求	采光通风要求	其他
主要房间	阅览室	阅览室两间，各 50 m² 左右	直接采光 自然通风	开窗避免西晒
	开架书库	开架书库两间，各 50 m² 左右	直接采光 自然通风	开窗避免西晒
辅助房间	办公用房	两间，每间 20 m² 左右	直接采光 自然通风	需单独设置工作人员出入口；需设一部货梯紧挨技术用房
	技术用房	两间，每间 20 m² 左右	直接采光 自然通风	
	目录检索及借阅出纳台	分设，每间 5~10 m²	尽量直接采光	紧挨阅览室和书库
	卫生间	20~25 m²，分设男女	直接采光 自然通风	男女至少应该分设 2 个蹲位；应考虑无障碍设计
	公众门厅及走道	根据需要自定	尽量直接采光	需单独设置公众出入口
	寄存处	根据需要自定	可不直接采光	宜靠近门厅及过厅

4.1.4　设计任务和要求

在合理进行竖向功能分区的基础上，正确进行各层平面功能分区，并根据图书借阅流线合理布置各层功能房间及其平面组合。使建筑功能合理、交通组织流畅、流线简捷、使用方便。满足采光、通风要求。各功能空间投影关系正确，符合建筑设计规范要求。使用尺规，按建筑制图标准规定，使用 A2 图纸，完成以下内容：

1）确定各房间的面积、形状、尺寸、位置及其组合关系；

2）确定门窗位置和大小，以及门的形式和开启方向；

3）各层平面图　1∶100 或 1∶200；

要求：应注明房间名称（禁用编号表示），首层平面应表现局部室外环境，画剖切符号，各层平面均应注明标高，同层中有高差变化时须注明。

4）立面图　1∶100 或 1∶200；

要求：不少于两个，其中一个为正立面，制图要求以区分明显的粗细线表达建筑立面各部分的关系。

5）剖面图　1∶50 或 1∶100；

要求：不少于两个，应选在具有代表性之处，应注明室内外、各层楼地面及檐口标高，准确表达出梁、楼板、柱、墙体之间的关系。

6）屋顶平面图　1∶100 或 1∶200；

要求：设计屋面排水方案，绘制屋顶平面图，标注屋面部分相关标高和尺寸。

7）详图比例自定；

要求：不少于 3 个。选取典型节点进行节点构造设计，其中须包含一个屋面构造节点。

8）设计说明；

要求：说明本设计方案的设计思路等。

9）技术经济指标；

总用地面积、总建筑面积、建筑密度、绿化率、建筑高度等。

4.1.5　参考资料

● 《房屋建筑学》教材

● 《公共建筑设计原理》，中国建筑工业出版社

● 《图书馆建筑设计规范》

● 《公共图书馆建设标准》

● 《建筑设计资料集》第 1～第 3 集

● 《中小型民用建筑图集》

● 《民用建筑设计通则》

● 《建筑设计防火规范》

● 建筑制图相关规范、标准

4.2 小型图书馆建筑设计指导

4.2.1 小型美术图书馆组成部分及功能分析

美术图书馆属专门图书馆，是专门收藏美术及其相关学科文献资料，为美术及其相关专业人员服务的图书馆。

美术图书馆应根据使用性质、建设规模与标准的不同，确定各类用房。美术图书馆由阅览室、书库、目录检索室、借阅出纳台、办公及技术用房、卫生间等组成，并通过交通空间（门厅、过厅、走道等）把各类用房按照正常的图书借阅程序合理组织起来。图书馆的建筑布局应与管理方式和服务手段相适应，合理安排采编、收藏、外借、阅览之间的运行路线，使读者与工作人员、书刊运送路线便捷畅通，互不干扰。

图书馆各空间柱网尺寸、层高、荷载设计应有较大的适应性和使用的灵活性。藏、阅空间合一者，宜采取统一柱网尺寸、统一层高和统一荷载。

1. 阅览室

阅览室是图书馆建筑的主要功能房间，是供公众读者进入图书馆阅读的主要活动空间。宜有良好的房间朝向、天然采光和自然通风，不宜布置在地下室，且有避免西晒和眩光的措施。

2. 开架书库

书库是图书馆建筑的主要藏书区，书库的藏书内容范围、品种和数量反映一个馆的性质、规模和为读者服务的能力，常作为划分图书馆规模的指标。开架书库是图书馆工作人员和公众读者共同的活动空间，宜有良好的房间朝向、天然采光和自然通风，不宜布置在地下室，且有避免西晒和眩光的措施。

3. 目录检索用房及借阅出纳台

图书或文献检索是利用计算机系统有效存储和快速查找的能力，发展起来的一种计算机应用技术，它可以根据用户要求从已存信息的集合中抽取出特定的信息。目录检索用房是图书馆工作人员和公众读者共同的活动空间，宜紧挨阅览、书库等房间。借阅出纳台是供公众读者外借或者归还图书的公共空间，宜紧挨目录检索用房、阅览、书库等房间。

4. 办公及技术用房

办公用房包括图书馆行政管理及后勤服务的各类用房，技术用房包括采编、典藏、辅导、咨询、研究、信息处理、美工等用房。

5. 卫生间

小型图书馆工作人员和公众读者可以共用卫生间以节约空间，共用卫生间应设置在公众区域。

6. 交通及其他辅助空间

图书馆建筑需要考虑合理交通联系空间（门厅、过厅、走道、楼梯），以满足各个功能区的水平及竖向联系。图书馆建筑功能空间关系见图 4.1。

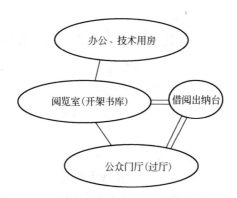

图 4.1　图书馆建筑功能空间示意图

4.2.2　小型美术图书馆建筑各组成部分设计

1. 阅览室用房设计

阅览室根据功能不同，可分为普通阅览室、特种阅览室、开架阅览室。

普通阅览室是以书刊为主要信息载体供读者使用的阅览室，是图书馆中数量较多的一种阅览室。特种阅览室指"音像视听室"、"缩微阅览室"、"电子出版物阅览室"等，这类阅览室，读者须借助设备才能从载体中获取信息，对建筑设计有特殊要求。

开架阅览室是藏书和阅览在同一空间中，允许读者自行取阅图书资料的阅览室。阅览区域应光线充足、照度均匀，防止阳光直晒，东西向开窗时，应采取有效的遮阳措施。

少年儿童阅览室应与成人阅览区分隔，单独设出入口，并应设儿童活动场地。

阅览区的建筑开间、进深及层高，应满足家具、设备合理布置的要求，并应考虑开架管理的使用要求。阅览桌椅排列的最小间隔尺寸应符合图 4.2 及表 4.2 要求。

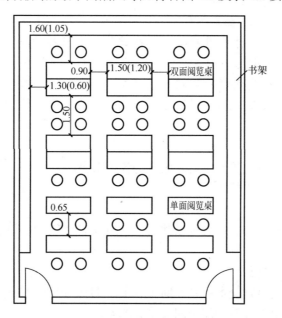

图 4.2　常用开架（闭架）阅览室座椅排列间距最小宽度/m
（括号内数字为闭架）常用开架（闭架）阅览室

表 4.2　阅览桌椅排列的最小间隔尺寸/m

条件		最小间隔尺寸		备注
		开架	闭架	
单面阅览桌前后间隔净宽		0.65	0.65	适用于单人桌、双人桌
双面阅览桌前后间隔净宽		1.30～1.50	1.30～1.50	四人桌取下限，六人桌取上限
阅览桌左右间隔净宽		0.90	0.90	
阅览桌之间主通道净宽		1.50	1.20	
阅览桌后侧与侧墙之间净宽	靠墙无书架	—	1.05	靠墙书架深度按 0.25m 计算
	靠墙有书架	1.60	—	
阅览桌侧沿与侧墙之间净宽	靠墙无书架	—	0.60	靠墙书架深度按 0.25m 计算
	靠墙有书架	1.30	—	
阅览桌与出纳台外沿净宽	单面桌前沿	1.85	1.85	
	单面桌后沿	2.50	2.50	
	双面桌前沿	2.80	2.80	
	双面桌后沿	2.80	2.80	

图书馆的四层及四层以上设有阅览室时，宜设乘客电梯或客货两用电梯。

2. 书库用房设计

图书馆的书库用房通常有基本书库、特藏书库、密集书库和开架书库四种形式，各馆可根据具体情况选择确定。

书库的结构形式和柱网尺寸应适合所采用的管理方式和所选书架的排列要求，框架结构的柱网宜采用 1.20 m 或 1.25 m 的整数倍模数。

本书小型图书馆的开架书库是指允许读者入库查找资料并就近阅览的书库。此种书库除正常的书架外，在采光良好的区域还设有少量阅览座供读者使用。书库的平面布局和书架排列应有利于天然采光、自然通风，并缩短提书距离。

书库内书（报刊）架的连续排列最多档数应符合表 4.3 的规定。书（报刊）架之间，以及书（报刊）架与外墙之间的各类通道最小宽度应符合图 4.3 及表 4.4 的规定。

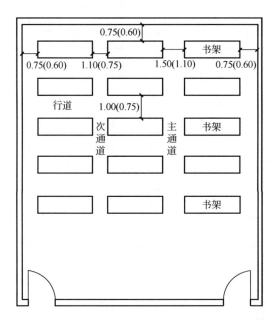

图 4.3 常用开架（闭架）书库书架间通道的最小宽度/m（括号内数字为闭架）

表 4.3 书库书架的连续排列最多档数

条件	开架	闭架
书架两端有走道	9 档	11 档
书架一端有走道	5 档	6 档

表 4.4 书架间通道的最小宽度/m

通道名称	常用书库		不常用书库
	开架	闭架	
主通道	1.50	1.20	0.60
次通道	1.10	0.75	0.60
靠墙走道	0.75	0.60	0.60
行道	1.0	0.75	0.60

书库、阅览室藏书区净高不得小于 2.40 m。当有梁或管线时,其底面净高不宜小于 2.30 m;采用积层书架的书库结构梁（或管线）底面之净高不得小于 4.70 m。

3. **目录检索用房及借阅出纳台设计**

目录检索用房应靠近读者出入口,并与借阅出纳台相毗邻。当与出纳共处同一空间时,应有明确的功能分区。如利用过厅、交通厅或走廊设置目录柜时,查目区应避开人流主要路线。

目录柜组合高度:成人使用者,不宜大于 1.50 m;少年儿童使用者,不宜大于 1.30 m。目录检索空间内采用计算机检索时,每台微机所占用的使用面积按 2.0 m² 计算。计算机检索台的高度宜为 0.78～0.80 m。

借阅出纳台应毗邻书库设置。出纳台与书库之间的通道不应设置踏步,当高差不可避免时，应采用坡度不大于 1：8 的坡道。出纳台通往库房的门，净宽不应小于 1.40 m，并不得设置门坎，门外 1.40 m 范围内应平坦、无障碍物。

出纳台空间应符合下列规定：出纳台内工作人员所占使用面积，每一工作岗位不应小于 6.00 m²，工作区的进深当无水平传送设备时，不宜小于 4.00 m；当有水平传送设备时，应满足设备安装的技术要求；出纳台外读者活动面积，按出纳台内每一工作岗位所占使用面积的 1.20 倍计算，并不得小于 18.00 m²；出纳台前应保持宽度不小于 3.00 m 的读者活动区；出纳台宽度不应小于 0.60 m。出纳台长度按每一工作岗位平均 1.50 m 计算。出纳台兼有咨询、监控等多种服务功能时，应按工作岗位总数计算长度。出纳台的高度：外侧高度宜 1.10 m～1.20 m；内侧高度应适合出纳工作的需要。

4. 办公及技术用房

图书馆办公用房规模应根据使用要求确定，可以组合在建筑中，也可以单独设置。建筑设计可按现行行业标准《办公建筑设计规范》的有关规定执行。

技术用房宜单独成区设置，应符合以下要求：采编室与典藏室、书库、书刊入口应有便捷联系，平面布置应符合采购、交换、拆包、验收、登记、分类、编目和加工等工艺流程的要求。

典藏室应位于书库入口附近；业务研究室和信息处理室，其使用面积可按每一工作人员不小于 6.00 m² 计算，应配置足够数量的计算机网络、通信接口和电源插座。

美工用房应包括工作间、材料库和小洗手间，工作间应光线充足，空间宽敞，最好北向布置，其使用面积不宜小于 30.00 m²，工作间附近宜设小库房存放美工用材料，工作间内应设置给水排水设施，或设小洗手间与之毗邻。

办公及技术用房属于工作人员专门活动区域，需设置专门出入口。技术用房附近需设货梯，可共用该区域出入口。

5. 卫生间设计

公众卫生间应设置在公共区域，卫生间卫生洁具按使用人数男女各半计算，并应符合下列规定：成人男厕按每 60 人设大便器一具，每 30 人设小便斗一具；成人女厕按每 30 人设大便器一具；洗手盆按每 60 人设一具；公用厕所内应设污水池一个；公用厕所中应设供残疾人使用的专门设施。办公区卫生间根据图书馆规模来确定是否单独设置，如规模不大，也可与公众共用公众卫生间。

6. 交通及其他辅助空间

门厅及过厅应符合下列规定：应根据管理和服务的需要设置验证、咨询、收发、寄存和监控等功能设施；多雨地区，其门厅或过厅内应有存放雨具的设备；严寒及寒冷地区，其门厅应有防风沙的门斗；门厅或过厅的使用面积可按每阅览座位 0.05 m² 计算。

寄存处应符合下列规定：位置应在门厅及过厅附近；可按阅览座位的 25% 确定存物柜数量，每个存物柜占使用面积按 0.15～0.20 m² 计算；寄存处的出入口宜与读者主出入口分开。

走道如布置在阅览室、书库等附近，应有一定的宽度，以保证人流疏散。

7. 消防疏散

图书馆的安全出口不应少于两个，并应分散设置。书库、非书资料库的疏散楼梯，应设计为封闭楼梯间或防烟楼梯间，宜在库门外邻近设置。

4.2.3 参考示例

图 4.4 和图 4.5 为某小型图书馆的设计参考示例。

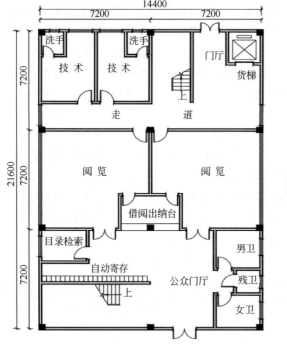

图 4.4　某图书馆一层平面

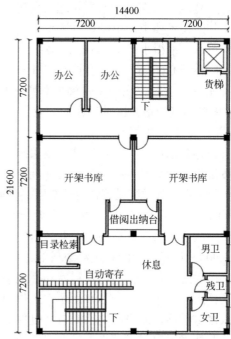

图 4.5　某图书馆二层平面

第5章 别墅设计

5.1 设计任务书

5.1.1 设计题目

度假别墅设计

5.1.2 设计目的

通过度假别墅的设计，使学生能够进一步熟悉建筑设计的基本原理和基本方法，更好地掌握建筑平、立、剖面图的表达，尤其是别墅坡屋面的表达和绘制。掌握建筑构配件的构造原理和方法，能利用相关图集进行构配件的构造设计。

5.1.3 设计条件

1）拟在南方城市某风景优美的湖边基地修建一栋度假别墅，建筑面积为 250 m^2（可上下浮动 10%）基地地形图见图 5.1；

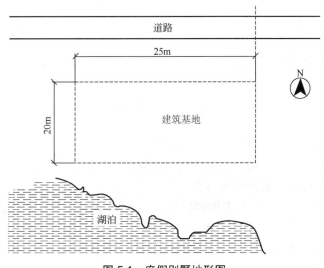

图 5.1 度假别墅地形图

2）房间功能要求及使用面积见表 5.1：

表 5.1 别墅组成、功能及面积要求

房间名称	面积	功能要求
起居室	自定	包含家庭起居、会客及小型聚会等功能
书房	自定	工作、学习空间

房间名称		面积	功能要求
卧室	主卧室（1 间）	自定	要求带卫生间和衣帽间
	次卧室（1～2 间）	不小于 15 m² / 间	要求带衣帽间或储物间
	客卧（1 间）	不小于 15 m²	
餐厅		自定	可与起居空间组合布置；与厨房应有较直接的联系
厨房		不小于 10 m²	应有厨房用具等储物空间
卫生间(3 间以上)		自定	主卧一间，次卧与客卧可合用一间，起居室设公用卫生间
贮藏室		自定	贮藏家居杂物等
交通联系部分		自定	门厅、走廊、楼梯等
合计		250 m²	

3）建筑层数为 2 层，层高自定；

4）别墅屋顶形式可采用平屋顶、坡屋顶和平坡结合屋顶；

5）可设置观景阳台；

6）布置客厅、卧室、餐厅、厨房和卫生间的家具及设备；

7）结构形式、门窗尺寸自定。

5.1.4 设计任务和要求

使用 A2 图纸，按建筑制图标准规定，绘制以下内容：

1. 总平面图 比例 1∶300

1）绘制建筑外形轮廓，表示建筑阴影。

2）选择恰当的位置布置车库。

3）标示指北针。

4）简要绘出别墅周边环境，包括道路、绿化、景观小品等。

2. 平面图 比例 1∶100

包括底层平面图、二层平面图、屋顶平面图。

1）确定各房间的面积、开间、进深以及门窗位置。

2）根据功能关系进行平面的合理组合。

3）确定室内外高差，在底层平面图画出台阶、花台、散水、铺装和建筑小品等环境设计内容。

4）设计屋面排水方案，绘制屋顶可见物的轮廓线，注明排水坡度、分水线等。若采用坡屋顶，须正确表达屋面各坡面之间关系等。

5）布置各房间床、沙发、桌椅等家具，厨房、卫生间等设备。

6）标注相关尺寸、标高。

3. 剖面图 比例 1∶50

1）确定室内各部分楼地面、门窗等构件标高及相互关系。

2）须剖切到楼梯，或标高显著变化处，确定楼梯的剖面形式并正确表达。

3）确定屋顶的剖面形式并正确表达。

4）标出各楼层、屋面和室外地坪等标高或剖面尺寸。

5）标注图名及比例。

4. 立面图 比例 1∶100

包括别墅各个立面。

1）使用恰当的建筑立面材质和色彩，符合建筑基地特征。绘制建筑配景。

2）表达建筑各体型的组合关系。

3）绘制建筑外形轮廓及门窗、阳台、台阶、雨篷、屋顶等构配件在立面图上的投影。可通过建筑阴影来表现建筑体型和对比变化。

4）标注相关标高和尺寸。

5）标注图名和比例。

5. 节点详图 比例自定

选取 2～3 个典型节点绘制详图，其中须包括 1～2 个屋面节点。

须表示清楚各部位的细部构造，注明构造做法，标注有关尺寸等。

5.1.5 参考资料

● 《房屋建筑学》教材

● 《住宅建筑设计原理》，中国建筑工业出版社

● 《别墅建筑设计》，中国建筑工业出版社

● 《建筑设计资料集》第 1 集～第 3 集

● 《中小型民用建筑图集》

● 《民用建筑设计通则》

● 《建筑设计防火规范》

● 建筑制图相关规范、标准

5.2 设 计 指 导

5.2.1 别墅定义及特点

1. 定义

所谓别墅，是指独门独院、两至三层楼的住宅形式。一般修建在环境优美的地段。别墅是独体建筑，占地面积较大，但仍是供人居住和休憩使用，具有一般住宅的功能，涵盖日常生活的基本内容。

2. 特点

别墅与普通住宅相比，具有以下特点：

1）独栋独户，一般带有庭院。

2）户内一般 2～3 层，厅大房多，功能齐全，有更多的贮藏空间和卫生间。

3）很多别墅带有地下室，扩展了空间范围。

4）常有附属的车库、工具间等。

5）别墅周围环境较好、绿地较多，很多别墅依山傍水，风景宜人。

由于别墅具有普通的居住功能，同时又有其特点，因此别墅的设计与一般住宅设计相同处，可参见前面住宅设计内容，不再赘述，下面重点讲述别墅设计的特点。

5.2.2 别墅的设计

1. 注重建筑与环境的融合

别墅建筑通常更加注重与周边环境的"对话"，设计时应充分考虑周边环境的特征，对建设基地周围的景观条件、地形条件、日照通风等进行分析，充分利用基地条件，在外形、材质等方面因地制宜，使建筑与周边环境协调，与自然风景能够融为一体。

2. 功能分析

通常别墅的主要功能可以分成 4 个部分：起居空间、私密空间、交通空间和辅助空间。

起居空间，包括起居室、餐厅等是使用者日常会客、娱乐等动态行为的空间，气氛较为活跃；私密空间，包括卧室、书房等是使用者睡眠、休憩、工作学习等静态行为的空间，气氛需要保持安静、私密；辅助空间，包括厨房、卫生间、贮藏室、工具房等为使用者提供必需的生活服务设施；而交通空间，包括门厅、走道、楼梯、过厅等将前面三者联系起来成为一个整体空间。功能空间的关系见图 5.2。

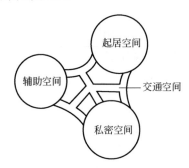

图 5.2 别墅空间功能关系

3. 别墅的平面设计

（1）起居空间

起居空间，主要包括起居室、餐厅，是家庭的公共活动中心，是使用者会客、娱乐、用餐的主要场所。要求空间比较开放，有良好的景观、日照和通风，且和卧室、厨房等有较直接的联系。

起居室是整个别墅活动的中心，通常要求与主入口有直接的联系。由于其开放功能的要求，在层高、开窗、空间尺度、建筑材料上都有独立的处理，从而让这里成为别墅主人展示个人风格的场所。

餐厅是使用者用餐的主要地点，因此须与厨房有着直接顺畅的联系。在平面布局上，餐厅与起居室往往相邻布置，即使分隔两者，也是采用踏步、顶棚、镂空搁架等似分似合的手法，使两者具有较为直接的联系。

（2）私密空间

私密空间，主要包括卧室和书房，是别墅主人休息和工作学习的场所，要求环境舒适安静，位置较为隐蔽。

卧室根据使用者的不同，可以分为主卧室（供别墅主人夫妇使用）、子女卧室、老人卧室、客人卧室（供客人临时居住）等。

卧室在保证私密的前提下，应有良好的朝向、日照、通风和景观。除了与起居空间有方便联系外，须与卫生间有直接联系，方便使用，其中主卧室应设有单独卫生间，其他卧室可独立设置，也可共用卫生间。

书房是别墅居住者工作学习的场所，要求静谧的气氛，应远离开放的公共活动区域。书房布局中，通常要求有一个完整墙面能布置书柜。

（3）辅助空间

辅助空间是别墅不可或缺的部分，为别墅使用者各种必不可少的生活服务空间和设备设施。主要包括厨房、卫生间、贮藏空间和其他辅助用房。其设计可参考前住宅设计相关内容。

（4）交通空间

别墅内的交通空间包括门厅、走道、楼梯等。

门厅是室外进入室内的过渡空间，既是交通枢纽，又可在此处更衣、换鞋等。门厅应该与起居空间有最直接的联系，引导人流进入起居空间，同时也需要在门厅处较为容易地找到室内楼梯，并尽量隐蔽通往辅助空间和私密空间的走道等，从而做到引导空间的主次有序。

别墅通常为2~3层，楼梯是别墅内主要的垂直交通部位。别墅楼梯的设计，需要确定楼梯的位置和楼梯的形式。

楼梯一般有两种布置方式。一种是将楼梯布置在起居室中，不设专门的楼梯间。这样设置的楼梯，为了丰富起居室的空间感，楼梯形式往往选择弧形、螺旋形等外形优美的造型，使楼梯成为起居室空间别致的装饰。但在使用上有些不便之处，上二层就必须经过起居室，见图5.3。另一种是在门厅附近设置专门的楼梯间，虽然楼梯面积有所增加，但对水平交通和到二楼的垂直交通都较为方便，而且楼梯间下方的空间可合理利用，作为贮藏空间。见图5.4。

别墅的楼梯形式多样灵活，可以选用平行双跑楼梯、L形楼梯、多跑楼梯、平行双分楼梯、弧形楼梯、螺旋楼梯等。见图5.5。

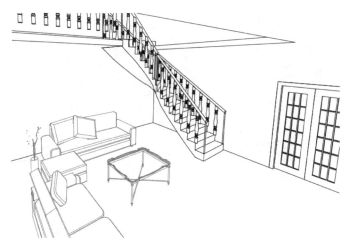

图5.3 设置在起居空间的楼梯

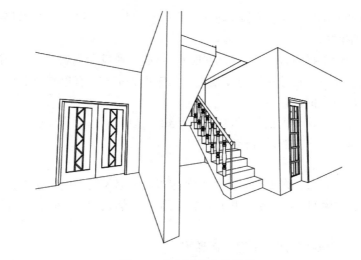

图 5.4　设置楼梯间的楼梯

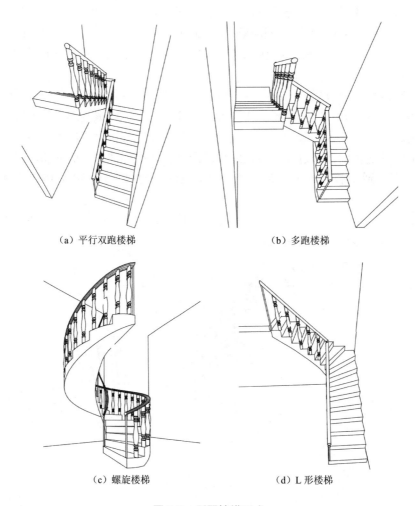

（a）平行双跑楼梯　　　　　　　　　　（b）多跑楼梯

（c）螺旋楼梯　　　　　　　　　　（d）L 形楼梯

图 5.5　别墅楼梯形式

4. 别墅的剖面设计

（1）竖向空间布局

别墅一般为 2～3 层，即各功能空间不仅在平面上进行布局，在竖向空间层次上也需要按照功能关系进行安排。

通常将别墅内起居空间、厨房、客人卧室等开放空间布置在底层，楼上布置主要卧室、次卧、书房等私密空间，在空间层次上进行内外分区、动静分区。卫生间随功能空间分别布置在底层和二、三层。见图 5.6。

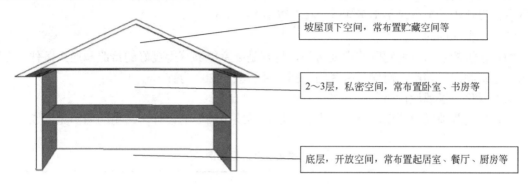

坡屋顶下空间，常布置贮藏空间等

2～3 层，私密空间，常布置卧室、书房等

底层，开放空间，常布置起居室、餐厅、厨房等

图 5.6　别墅空间竖向布局

（2）层高

别墅的层高不宜过低，应在 3 m 以上。为了突出起居室的地位、丰富内部空间造型，很多时候将起居室上空，即起居室部分为二层的层高。见图 5.7。

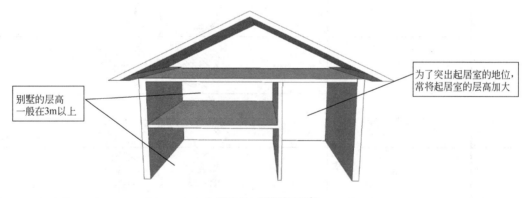

别墅的层高一般在3m以上

为了突出起居室的地位，常将起居室的层高加大

图 5.7　别墅的层高

（3）别墅的坡屋顶

为丰富别墅的立面造型，有利于防排水等，别墅建筑常常会采用坡屋顶的形式。坡屋顶形式主要有单坡式、双坡式、四坡式等。

由于屋顶具有较大的坡度，坡屋顶下的房间剖面形状不再是矩形。为了更好地利用坡屋顶空间，可以设置为贮藏空间、阁楼等。

5. 别墅的造型设计

别墅的形体、造型宜高低起伏有序、前后错落有致，达到主次分明，统一协调。所采用的材料和色彩应与周围环境协调一致。

6. 别墅的总平面设计

根据设计任务书，主要针对别墅周边的道路、绿化、景观等进行总体布置，使别墅和周边环境能够很好地进行"对话"和融合。

（1）比例

场地园林景观的总平面图常用的比例为1：300，1：500，1：1 000。

（2）道路

在建筑基地内，围绕别墅进行道路的设置，使人流和车辆能够顺利出入建筑基地。道路的宽度，设计为单车道时不小于4 m，双车道不小于7 m。

（3）别墅的朝向

确定建筑的朝向，使别墅的主要房间，特别是卧室能够获得良好的日照和通风条件。在我国，建筑朝向以朝南、南偏东或者南偏西，并不大于20°为宜。

（4）绿化、景观设计

结合建筑基地周边环境，进行林木、草地、建筑小品等的设计。常用的图例见表5.2。

表 5.2　绿化设计常见图例

序号	名称	图例
1	常绿针叶乔木	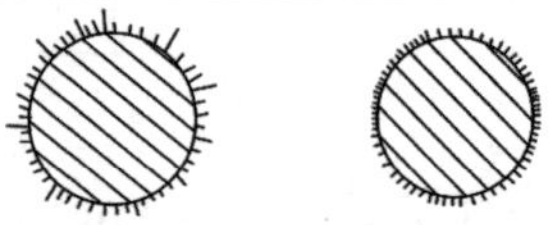
2	落叶针叶乔木	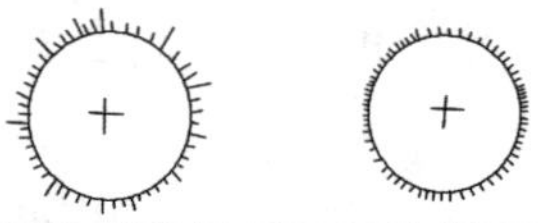
3	常绿阔叶乔木	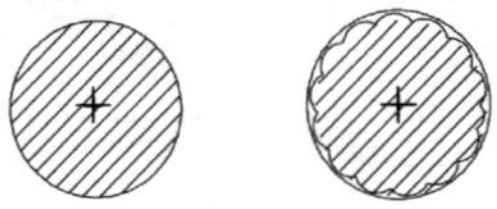
4	落叶阔叶乔木	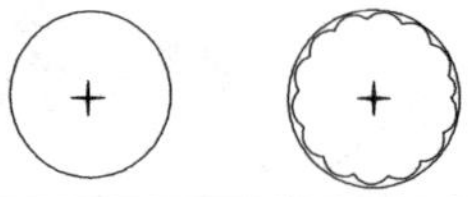
5	常绿阔叶灌木	
6	落叶阔叶灌木	
7	草坪	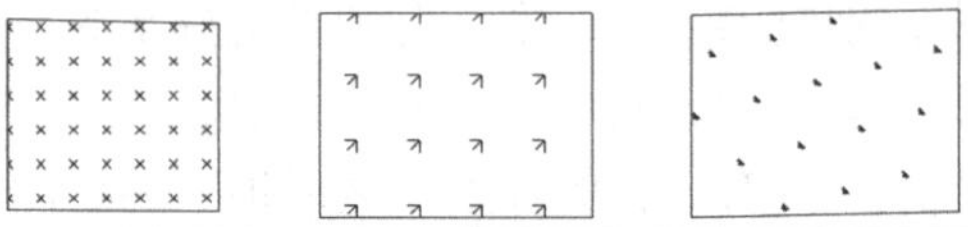

5.2.3　参考示例

图5.8～图5.13为一别墅的设计参考示例。

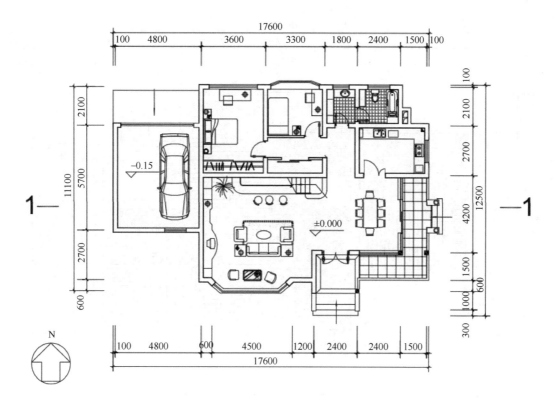

图 5.8 底层平面图

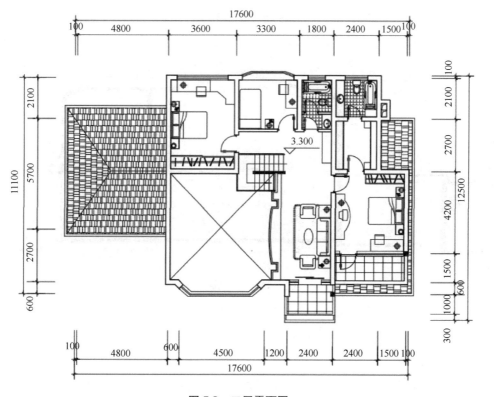

图 5.9 二层平面图

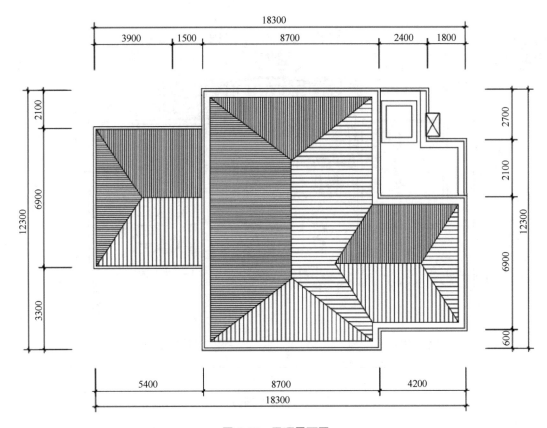

图 5.10 屋顶平面图

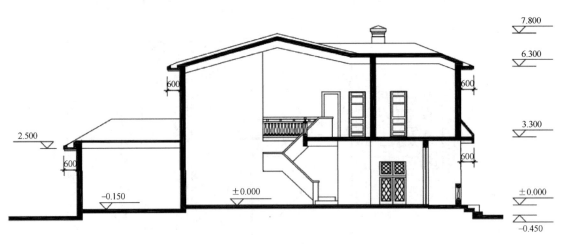

图 5.11 1-1 剖面图

东立面图   北立面图

南立面图   西立面图

图 5.12 各立面图

图 5.13 外观渲染图

第6章 使用建筑设计软件绘制建筑

6.1 设计任务书

6.1.1 设计题目

利用建筑设计软件绘制建筑

6.1.2 设计目的

通过使用建筑设计软件绘制建筑，使学生掌握使用主流建筑设计软件进行图纸绘制或模型创建的基本操作技能。

6.1.3 设计条件

1）图 6.1 为某二层住宅的平面图，图 6.2 为立面图。该住宅层高为 3.3 m；

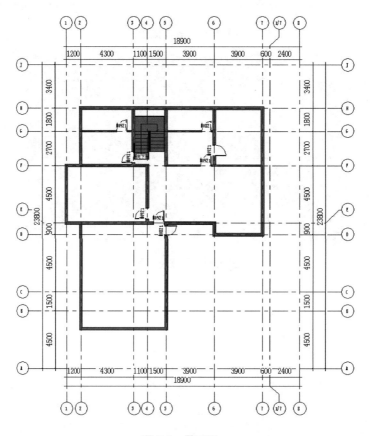

图 6.1 平面图

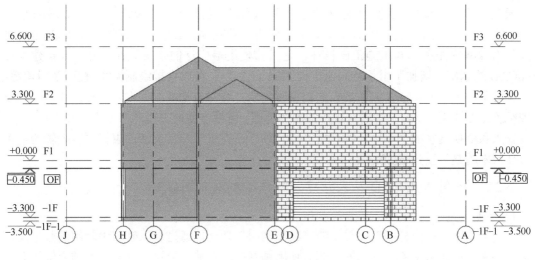

图 6.2　西立面图

2）结构类型：砖混结构；

3）屋顶类型：坡屋顶；

4）包括地下室一层及地上一层。

6.1.4　设计任务和要求

1）使用天正建筑软件绘制出住宅的楼层平面图及屋顶平面图；

2）使用 Revit 软件创建该住宅的建筑信息模型。

6.1.5　参考资料

● 天正软件技术专区在线教学天正建筑 TArch

● 《TArch 2014 天正建筑设计从入门到精通》，电子工业出版社

● 《Revit 2015 中文版基础教程》，清华大学出版社

● 《Revit 2013/2014 建筑设计火星课堂》，人民邮电出版社

6.2　设　计　指　导

6.2.1　建筑设计软件简述

　　AutoCAD（Auto Computer Aided Design）是美国 Autodesk（欧特克）公司首次于 1982 年发布的具有可视化界面和交互式绘图功能的自动计算机辅助设计软件，可用于二维绘图、详细绘制、设计文档和基本三维设计。现已经成为国际上广为流行的绘图工具。AutoCAD 具有良好的用户界面，通过交互菜单或命令行方式便可以进行各种操作。它的多文档设计环境，让非计算机专业人员也能很快地学会使用，并在不断实践的过程中更好地掌握它的各种应用和开发技巧，从而不断提高工作效率。AutoCAD 具有广泛的适应性，它可以在各种操作系统支持的微型计算机和工作站上运行。AutoCAD 已经广泛应用于机械、电子、服装、建筑等设计领域。目前最新的版本是 AutoCAD2016 版。

天正系列设计软件是我国北京天正工程软件有限公司于 1994 年首次推出的基于 AutoCAD 图形平台的一系列建筑、暖通、电气等专业软件。其中，天正建筑(T-Arch)以先进的建筑对象概念服务于建筑施工图设计，是目前使用最广泛的建筑设计软件。天正建筑在 AutoCAD 的基础上增加了用于绘制建筑构件的专用工具，可以直接绘制墙线、柱子及门窗等；软件预设了许多智能特征，例如插入的门窗碰到墙，墙即自动开洞并嵌入门窗；软件还预设了图纸的绘图比例，以及符合国家规范的制图标准，可以方便地书写和修改中西文混排文字，以及输入和变换文字的上下标、特殊字等。此外，还提供了非常灵活的表格内容编辑器。目前最新版本的是天正建筑 2014 版。

6.2.2 使用 AutoCAD 及天正建筑软件绘制建筑图纸

1. 绘制轴网

使用天正中"轴网柱子"菜单下的"绘制轴网"功能，通过输入轴网中轴线的数量及尺寸创建轴网，如图 6.3 所示。轴网绘制后使用轴网标注功能，通过选择起始及结束轴线对所有轴线进行自动标注。对于附轴线的标注可以在完成所有标注后使用主附转换功能进行更改，成果如图 6.4 所示。

图 6.3　绘制轴线

2. 创建柱子

使用"轴网柱子"菜单下的"标准柱"功能，拾取轴线的交点，按照尺寸要求创建柱子，如图 6.5 所示。

3. 创建墙体

使用"墙体"菜单下的"绘制墙体"功能，按照要求设定所需绘制墙体的高度、底高、材料、厚度、中心线位置等参数，绘制出外墙及内墙，如图 6.6 所示。

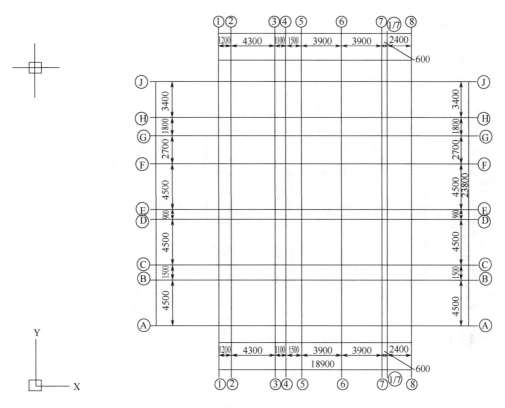

图 6.4　轴网

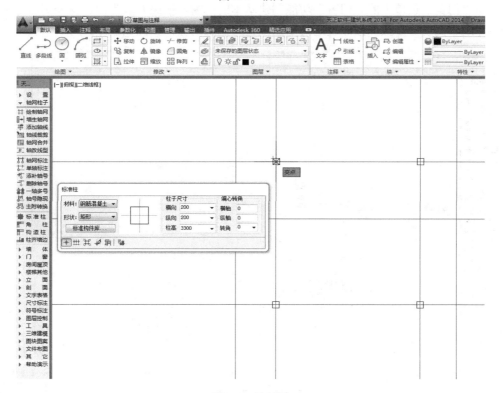

图 6.5　绘制柱

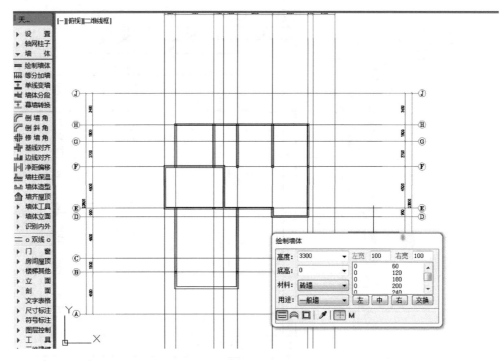

图 6.6　绘制墙

4. 创建门和窗

使用"门窗"菜单下的"门窗"功能创建基本的门窗，按照要求为门、窗分别进行编号并设定宽度、高度等参数，按照设定的平面位置绘制出门窗，如图 6.7 所示。

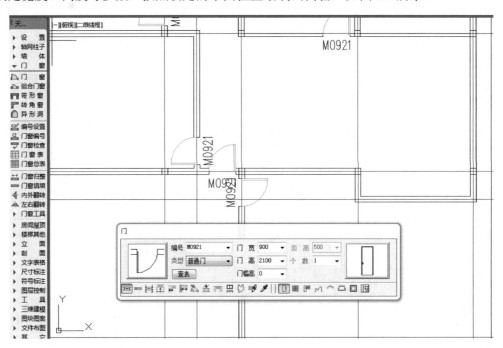

图 6.7　绘制门窗

5. 创建屋顶

首先，将顶层楼层中不需要的轴线及内墙等隐藏，仅保留外墙及外墙的窗户，使用"房间屋顶"菜单下的"搜屋顶线"功能选中外墙后创建屋顶轮廓线。之后，隐藏外墙等构件，根据设计要求选择不同功能创建不同屋顶形式，如图6.8所示。

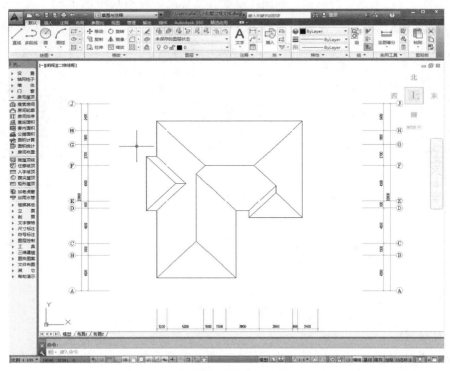

图6.8 绘制屋顶

6. 创建楼梯

使用"楼梯其他"菜单，根据设计要求选择不同形式的楼梯构件。选定后设定高度、宽度、踏步数、上楼位置等参数，绘制出楼梯如图6.9所示。

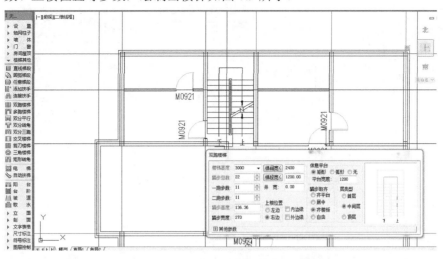

图6.9 绘制楼梯

6.2.3 使用 REVIT 创建建筑信息模型

1. 创建标高

在 Revit Architecture 中，"标高"命令必须在立面和剖面视图中才能使用。在项目浏览器中展开"立面"项，进入"南立面"视图，绘制各层标高，如图 6.10 所示。

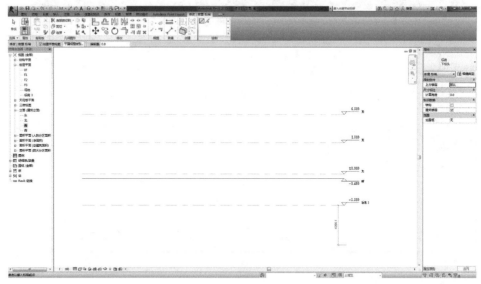

图 6.10　标高绘制

2. 创建轴网

在 Revit Architecture 中轴网只需要在任意一个平面视图中绘制一次，其他平面和立面、剖面视图中都将自动显示。在项目浏览器中双击"楼层平面"项下的"F1"视图，打开首层平面视图。使用"建筑"菜单中的"轴网"选项，绘制第一条垂直轴线，轴号为 1。利用"复制"或输入轴线间间距来创建轴网。创建好的轴网如图 6.11 所示。

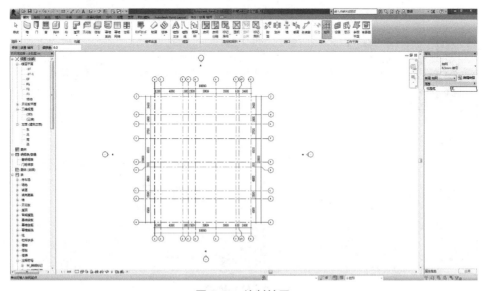

图 6.11　绘制轴网

3. 绘制柱

在 0F 楼层平面中，选择建筑中的"柱"构件，创建设计图中要求的柱。由于 Revit 是参数化的设计软件，因此如果无法找到设计中尺寸的构件，能够通过调整相似构件的参数来创建所需的构件。将创建好的柱放在设计中指定的位置，如图 6.12 所示。

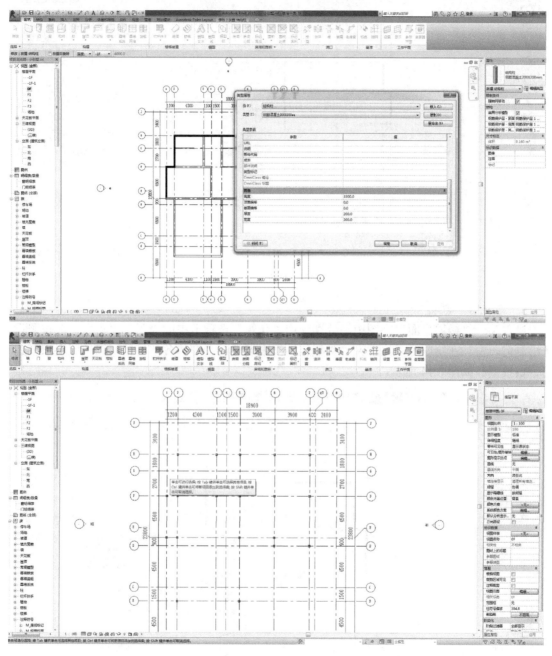

图 6.12　柱绘制

5. 绘制墙体

进入某一"楼层平面"视图中，使用"建筑"选项卡中的"墙"命令按照设计绘制墙体。

在绘制墙体时需注意在"类型属性"中调整墙体的各项参数。分别绘制内、外墙如图 6.13 所示。

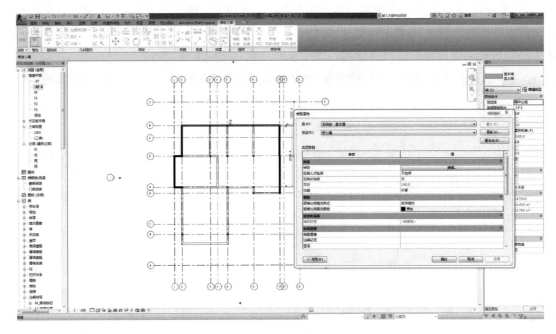

6.13 绘制墙体

5. 绘制门、窗

进入某一"楼层平面"视图中，分别使用"建筑"选项卡中的"门"、"窗"命令按照设计绘制门、窗。在绘制时需注意在"类型属性"中调整门、窗的各项参数，以按照要求创建门、窗模型。如图 6.14 所示。

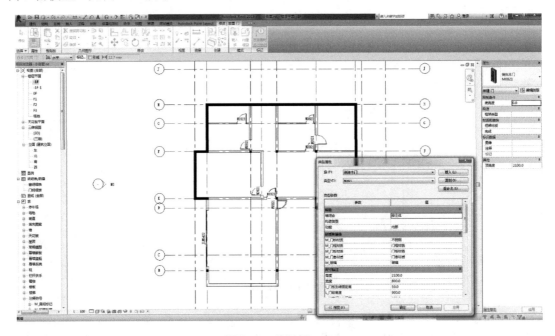

图 6.14 绘制门、窗

6. 绘制楼板

与 AutoCAD 平台不同，在 Revit 中，楼板需要单独进行创建。在"楼层平面"视图中，使用"楼板"命令，可以选择使用不同的方式如绘制直线、拾取墙线等创建楼板的边界，楼板的边界形成闭合后便能够创建楼板。如图 6.15 所示。

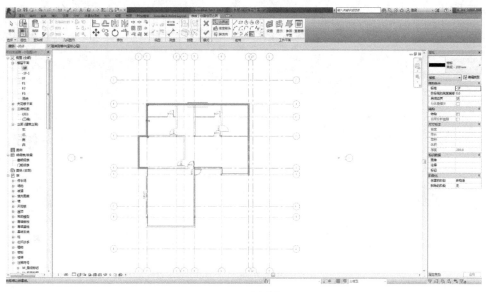

图 6.15　绘制楼板

7. 绘制楼梯

在项目浏览器中进入某一楼层的"楼层平面"视图。使用"建筑"选项卡"楼梯坡道"面板中的"楼梯"命令，进入绘制草图模式。单击"工作平面"面板"参照平面"命令，在楼梯间绘制起跑位置线、梯段线、休息平台位置等定位参照平面。 依据参照平面分别绘制楼梯各梯段。如图 6.16 所示。

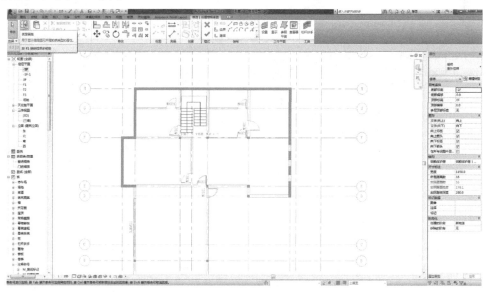

图 6-16　绘制楼梯

8. 绘制屋顶

在 Revit 中根据屋顶的不同形式，可以选择不同的创建方法。常规坡屋顶和平屋顶，可以用"轨迹屋顶"创建。有规则断面的屋顶，可以采用"拉伸屋顶"；异形曲面屋顶，可以采用"面屋顶"或"内建模型"命令；玻璃采光屋顶，采用特殊类型"玻璃斜窗"系统簇。如图 6.17 所示

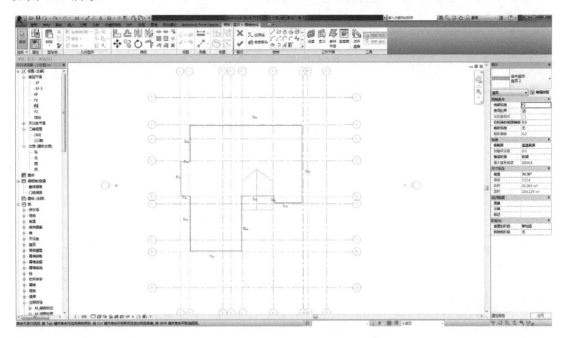

图 6.17　绘制迹线屋顶

第7章 外墙身和楼板层构造设计

7.1 设计任务书

7.1.1 设计题目

外墙身和楼板层构造设计

7.1.2 设计目的

通过本项目练习，使学生能够掌握墙体和楼板层的细部构造，掌握墙体和楼地面的饰面构造层次与材料做法，熟悉墙体与楼板的连接关系，掌握墙身和楼板构造详图的设计及绘制。

7.1.3 设计条件

1）某市一办公楼，2 层、砖混结构，平面图和剖面图如图 7.1 和图 7.2 所示。根据此图进行本次设计。窗洞口尺寸为 1 000 mm×1 500 mm。

2）外墙为砖墙，厚度不小于 240 mm。

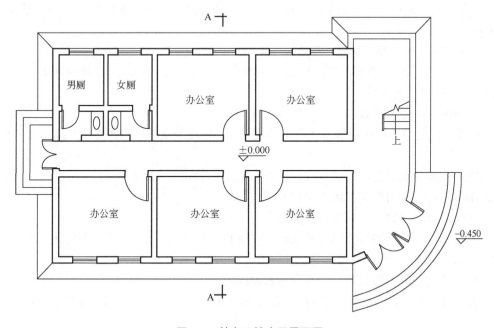

图 7.1 某办公楼底层平面图

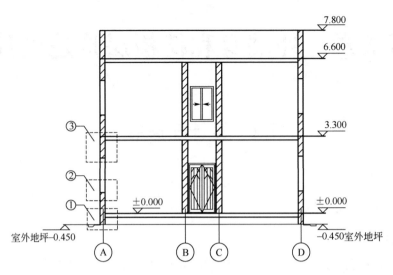

图 7.2　某办公楼 A-A 剖面图

3）楼板采用现浇或者预制钢筋混凝土的楼板、过梁、圈梁。

4）其他条件，如墙面装修、楼地面做法、散水、踢脚线等自定。

7.1.4　设计任务和要求

用 A3 图纸一张，按照建筑制图标准规定，按平面图上详图剖切位置画出 A 轴线外墙体三个墙身节点详图，即墙脚和地坪层、窗台处和过梁及楼板层节点详图。布图时，要求按照顺序将 1、2、3 节点从下到上布置在同一条垂直线上，共用一条轴线和一个编号圆圈。见图 7.3。

1. 节点详图 1——墙身和地坪层构造　比例 1∶10

1）画出墙身、勒脚、散水或明沟、水平防潮层、室内外地坪、踢脚板和内外墙装修，剖切到的部分用材料图例表示。

2）用引出线注明勒脚做法、标注勒脚标高。

3）用多层构造引出线注明散水或明沟各层做法，标注散水或明沟的宽度、排水方向和坡度值。

4）表示出墙身水平防潮层的位置，注明做法。

5）用多层构造引出线注明地坪层的各层做法。

6）注明踢脚板的做法，标注踢脚板的高度等尺寸。

7）标注定位轴线及编号圆圈，标注墙体厚度和室内外地面标高，注写图名和比例。

2. 节点详图 2——窗台构造　比例 1∶10

1）画出墙身、内外墙装修、内外窗台和窗框等。

2）用引出线注明内外窗台的饰面做法，标注细部尺寸，标注外窗台的排水方向和坡度值。

3）按开启方式和材料表示出窗框，表示清楚窗框与窗台饰面的连接（参考门窗构造一章内容）。

4）用多层引出线注明内外墙面装修做法。

5）标注定位轴线（与节点详图 1 的轴线对齐），标注窗台标高（结构面标高），注写图名和比例。

3. 节点详图 3——过梁和楼板层构造 比例 1∶10

1）画出墙身、内外墙抹灰、过梁、窗框、楼板层、圈梁和踢脚板等。

2）表示清楚过梁的断面尺寸，细部构造，有关尺寸和过梁下表面标高。

3）用多层构造引出线注明楼板层做法，表示清楚楼板的形式以及板与墙的相互关系。

4）表示清楚圈梁的断面尺寸、细部构造做法，有关尺寸等。

5）标注踢脚板的做法和尺寸。

6）标注定位轴线（与节点详图 1、2 的轴线对齐），标注过梁底面（结构面）标高和楼面标高，注写图名和比例。

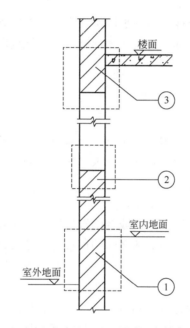

图 7.3 墙和楼地层构造设计示意图

7.1.5 参考资料

● 《房屋建筑学》教材

● 《建筑制图标准》

● 《房屋建筑制图统一标准》

● 11J930 住宅建筑构造图集

● 12J304 楼地面建筑构造

● 12G614-1 砌体填充墙结构构造

● 12SG620 砌体结构设计与构造

7.2 设计指导

7.2.1 墙身构造详图介绍

墙身构造设计详图是建筑剖面图中外墙身部分的局部放大图。它主要反映墙身各部位的详细构造、材料做法及详细尺寸，如外墙体、窗台、圈梁、过梁、雨篷、阳台、防潮层、室内外地面、散水等，同时要注明各部位的标高和详图索引符号。墙身详图与平面图配合，是砌墙、室内外装修、门窗安装、编制施工预算以及材料估算的重要依据。

墙身详图一般采用 1∶10、1∶20 的比例绘制，如果多层房屋中楼层各节点相同，可只画出底层、中间层及顶层来表示。为节省图幅，画墙身详图可从中间墙体、门窗洞中间折断，化为几个节点详图的组合。

墙身详图的线型与剖面图一样，但由于比例较大，所有内外墙应用细实线画出粉刷线以及标注材料图例。墙身详图上所标注的尺寸和标高，与建筑剖面图相同，但应标出构造做法的详细尺寸。

7.2.2 外墙脚和地坪层

1. 外墙脚构造

外墙脚是建筑墙体与室外地坪相交的部位，有着承上启下的重要作用，加上此处容易受到雨水的侵蚀，在构造设计上应做好防潮、排水等各方面的考虑。外墙脚构造设计主要确定散水、勒脚、水平防潮层的构造。

（1）散水、明沟

根据实际情况，选用恰当的散水构造或者明沟构造。确定散水、明沟的构造层次、使用材料、宽度、排水坡度等。散水与外墙体之间的连接构造要合理。散水、明沟的参考构造做法见图 7.4。

（2）勒脚

根据构造要求，选用合适的材料，确定勒脚的高度和构造层次做法。常采用密实度大的材料处理勒脚，常见饰面做法为水泥砂浆或其它强度高、具有一定防水能力的抹灰处理；石块砌筑；贴面砖或天然石材。勒脚的参考做法见图 7.5。

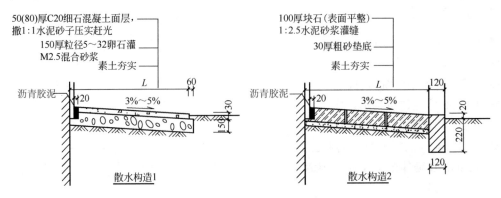

散水构造1　　　　　散水构造2

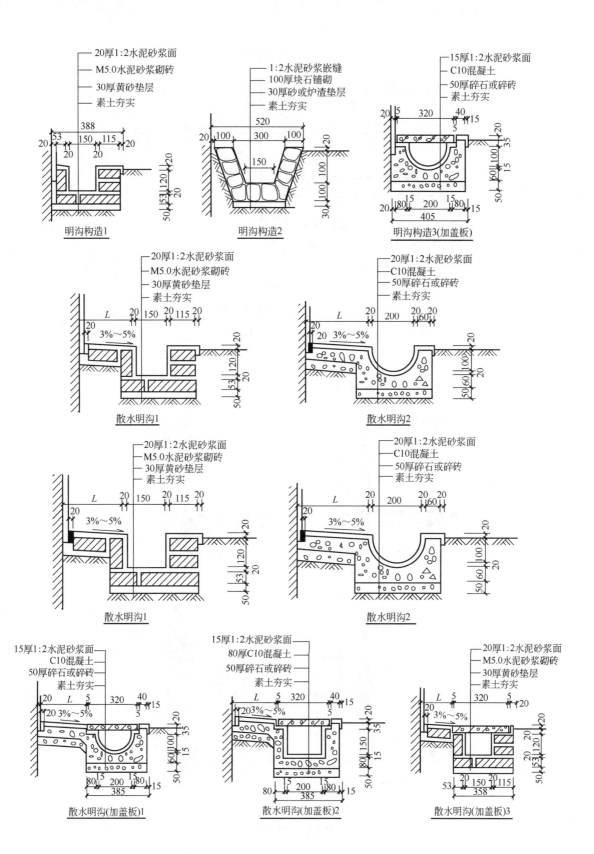

明沟构造1

明沟构造2

明沟构造3(加盖板)

散水明沟1

散水明沟2

散水明沟1

散水明沟2

散水明沟(加盖板)1

散水明沟(加盖板)2

散水明沟(加盖板)3

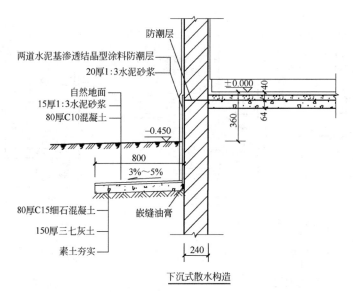

防潮层

两道水泥基渗透结晶型涂料防潮层

20厚1:3水泥砂浆

自然地面

15厚1:3水泥砂浆

80厚C10混凝土

±0.000

−0.450

800

3%～5%

80厚C15细石混凝土

嵌缝油膏

150厚三七灰土

素土夯实

240

下沉式散水构造

图 7.4 散水、明沟构造

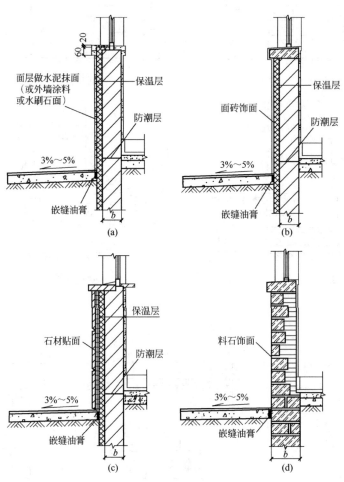

面层做水泥抹面
（或外墙涂料
或水刷石面）

保温层

防潮层

3%～5%

嵌缝油膏

b

(a)

面砖饰面

保温层

防潮层

3%～5%

嵌缝油膏

b

(b)

石材贴面

保温层

防潮层

3%～5%

嵌缝油膏

b

(c)

料石饰面

3%～5%

嵌缝油膏

b

(d)

图 7.5 勒脚构造

（3）水平防潮层

根据构造要求，选用恰当的材料和构造做法，确定水平防潮层所在的位置。

2．地坪层构造

（1）地坪层

根据功能和构造要求，选用恰当的材料，确定地坪层的构造层次。具体做法参考表7.1。

表7.1　楼地面构造做法

名称	构造简图	构造做法	
		地面	楼面
水泥砂浆楼梯面	地面　楼面	1）20厚1：2.5水泥砂浆； 2）水泥砂浆一道（内掺建筑胶）	
		3）60厚C15混凝土垫层； 4）素土夯实	3）现浇钢筋混凝土楼板或预制楼板现浇叠合层
细石混凝土楼地面	地面　楼面	1）40厚C20细石混凝土，表面1：1水泥砂子随打随抹光； 2）水泥砂浆一道（内掺建筑胶）	
		3）60厚C15混凝土垫层 4）素土夯实	3）现浇钢筋混凝土楼板或预制楼板现浇叠合层
地砖楼地面	地面　楼面	1）8～10厚地砖，干水泥擦缝； 2）20厚1：3干硬性水泥砂浆结合层，表面撒水泥粉； 3）水泥砂浆一道（内掺建筑胶）	
		4）60厚C15混凝土垫层； 5）素土夯实	4）现浇钢筋混凝土楼板或预制楼板现浇叠合层
石板材楼地面	地面　楼面	1）20厚石板材，干水泥擦缝； 2）30厚1：3干硬性水泥砂浆结合层，表面撒水泥粉； 3）水泥砂浆一道（内掺建筑胶）	
		4）60厚C15混凝土垫层； 5）素土夯实	4）现浇钢筋混凝土楼板或预制楼板现浇叠合层
竹木楼地面（有龙骨）	地面　楼面	1）200μm厚聚酯漆或聚氨酯漆； 2）20厚竹木地板； 3）30×40木龙骨@400架空，表面刷防腐剂； 4）0.2厚聚酯防潮层； 5）20厚水泥砂浆找平	
		3）60厚C15混凝土垫层； 4）素土夯实	3）现浇钢筋混凝土楼板或预制楼板现浇叠合层
强化复合木地板楼地面	地面　楼面	1）10厚企口强化复合木地板； 2）3～5厚泡沫塑料衬垫； 3）20厚1：2.5水泥砂浆找平； 4）水泥砂浆一道（内掺建筑胶）	
		3）60厚C15混凝土垫层 4）素土夯实	3）现浇钢筋混凝土楼板或预制楼板现浇叠合层

（2）踢脚板

选用踢脚板的材料，一般与地坪层的面层材料一致；确定踢脚板的做法。踢脚板的参考做法见图7.6。

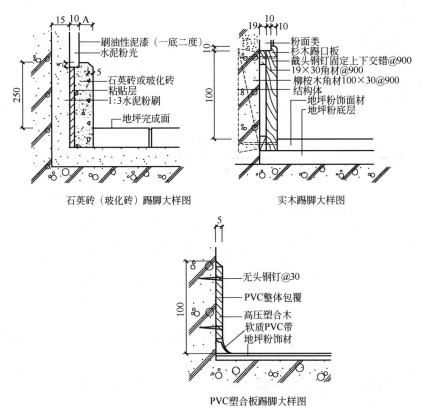

石英砖（玻化砖）踢脚大样图   实木踢脚大样图

PVC塑合板踢脚大样图

图 7.6　踢脚板构造

7.2.3　窗台

1. 窗台形式

选择合适的窗台形式。外墙面为抹灰类或涂料类装修时，可选用悬挑式窗台，并做滴水处理；当外墙面为贴面类装修时，可选用不悬挑窗台形式。

2. 窗台构造

选用合适的窗台饰面材料，确定外窗台排水坡度，确定内窗台构造做法。窗台参考构造做法见图 7.7。

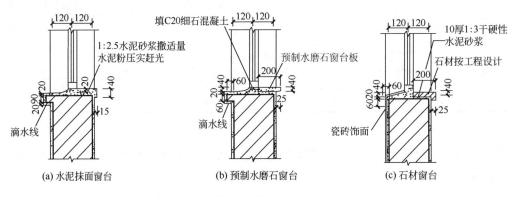

(a) 水泥抹面窗台   (b) 预制水磨石窗台   (c) 石材窗台

图 7.7　窗台构造

7.2.4 过梁和楼板层

1. 过梁、窗套

根据实际情况确定钢筋混凝土过梁的断面形式和尺寸。

过梁的断面形式通常为矩形，高度一般有 120 mm、180 mm、240 mm 和 360 mm。在寒冷地区，为了防止产生冷桥，可采用 L 形过梁，高度一般有 240 mm 和 360 mm。

还可将窗上的窗套、窗楣板与过梁结合起来。参考做法见图 7.8。

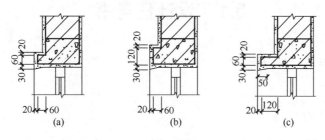

图 7.8　窗套构造

2. 楼板层

1）确定楼板层的构造层次、饰面材料和做法。

2）确定楼板与圈梁、墙体之间的连接关系。

3）确定踢脚板的形式、高度和做法。

楼板层参考做法见表 7.1。

第8章　平屋顶构造设计

8.1　设计任务书

8.1.1　设计题目

平屋顶构造设计

8.1.2　设计目的

本设计针对《房屋建筑学》课程中屋顶构造设计的相关内容。

通过对平屋顶进行设计，使学生能够初步了解屋顶的组成、类型和设计要求，基本掌握平屋顶的屋面排水设计要求、构造要求及其排水构件的细部要求。

8.1.3　设计条件

1）图 8.1 为某小学教学楼平面图，图 8.2 为剖面图。该教学楼为 5 层，层高为 3.90 m；

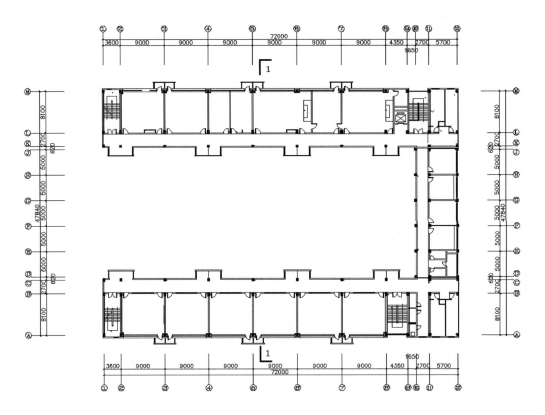

图 8.1　平面图

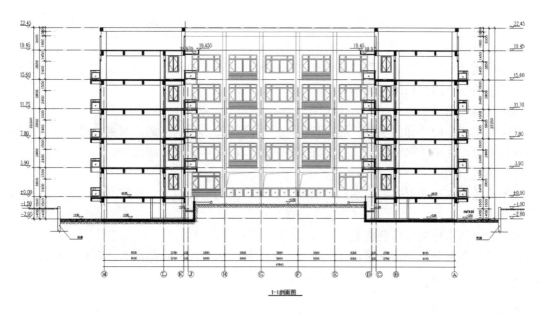

图 8.2　剖面图

2）结构类型：框架结构；

3）屋顶类型：平屋顶；

4）屋顶排水方式：有组织排水，檐口形式自定；

5）屋面防水方案：卷材防水或刚性防水；

6）屋顶有保温或隔热要求。

8.1.4　设计任务和要求

使用 A3 图纸一张，按建筑制图标准的规定，绘制该小学屋顶平面图和屋顶节点详图。

1．屋顶平面图　比例 1：200

1）画出各坡面脚线、檐沟或女儿墙和天沟、雨水口和屋面上人孔等，刚性防水屋面还应画出纵横分格缝；

2）标注屋面和檐沟或天沟内的排水方向和坡度值，标注屋面上人孔等凸出屋面部分的有关尺寸，标注屋面标高（结构上表面标高）；

3）标注个转角处的定位轴线和编号；

4）外部标注两道尺寸（即轴线尺寸和雨水口到邻近轴线的距离或雨水口的间距）；

5）标注详图索引符号，注写图名和比例。

2．屋顶节点详图　比例 1：10 或 1：20

（1）檐口构造

1）采用檐沟外排水时，表示清楚檐沟板的形式、屋顶各层构造、檐沟处的防水处理，以及檐沟板与圈梁、墙、屋面板之间的相互关系，标注檐沟尺寸，注明檐沟饰面层的做法和防水层的收头构造做法；

2）采用女儿墙外排水或内排水时，表示清楚女儿墙压顶构造、泛水构造、屋顶各层构造和天沟形式等，注意女儿墙压顶和泛水的构造做法，标注女儿墙的高度、泛水高度等尺寸；

3）采用檐沟女儿墙外排水时要求同1）和2）。

用多层构造引出线注明屋顶各层做法，标注屋面排水方向和坡度值，标注详图符号和比例，剖切到的部分用材料图例表示。

（2）泛水构造

画出凸出屋面的楼梯间墙体、通风口等与屋面交接处的泛水构造，表述清楚泛水构造和屋顶各层构造，注明泛水构造做法，标注有关尺寸，标注详图符号和比例。

（3）雨水口构造

表示清楚雨水口的形式，雨水口处的防水处理，注明细部做法，标注有关尺寸，标注详图符号和比例。

（4）刚性防水屋面分格缝构造

表示清楚各部分的构造关系，注明细部做法，标注细部尺寸、标高、详图符号和比例。

8.1.5　参考资料

● 《房屋建筑学》教材
● 本章 8.2 节平屋顶构造设计指导
● 建筑设计资料集（第二版），中国建筑工业出版社
● 建筑构造资料集（上），中国建筑工业出版社
● 全国通用和各地区标准图集

8.2　设　计　指　导

8.2.1　平屋顶排水设计要点

1. 划分排水坡面，确定排水方向和坡度

1）根据屋面高低、屋顶平面形状和尺寸，划分排水坡面，确定排水方向。屋面宽度不大时，常采用单坡排水，宽度较大时，宜采用双坡排水。

2）根据当地气候条件、屋面防水材料和屋面是否上人，确定屋面排水坡度。

2. 确定檐口排水方式

考虑立面设计要求，确定檐口排水方式。常用檐沟外排水和女儿墙外排水，也可用檐沟女儿墙外排水或女儿墙内排水。

3. 去顶雨水口及雨水管的间距和位置

根据排水坡面的宽度、当地气候条件、排水沟的给水能力和雨水管的大小等因素，确定雨水口及雨水管的间距，并结合立面设计要求确定雨水口及雨水管的位置。雨水口及雨水管的间距一般不超过 24 m，常用 12～18 m。

4. 确定排水沟内的纵向排水坡度

排水沟内的纵向坡度不应小于1%。

5. 确定屋面防水方案

根据屋面防水要求、当地气候条件等因素，确定屋面防水方案，并选择防水材料。若为

刚性防水屋面，还应设置分格缝（又称分仓缝），并根据屋面宽度和结构布置确定分格缝的间距和位置，横向和纵向分格缝的间距一般不超过 6 m。

6. 确定屋面楼梯间、上人孔等凸出屋面部分的位置和尺寸

8.2.2 屋顶节点构造设计要点

1. 檐口构造

1）檐沟外排水：考虑排水要求、结构要求、施工条件和里面美观等因素，确定檐沟板的断面形式和尺寸，以及支承方式。檐沟净宽一般不小于 200 mm，分水线处的檐沟深度不宜小于 100 mm。应做好檐沟处的方式，注意防水层的收头处理。根据当地气候条件和建筑物的使用要求，考虑保温构造或隔热构造。确定屋面防水、保温或隔热、找坡等构造做法。

2）女儿墙外排水或内排水：包括女儿墙泛水构造、女儿墙压顶构造以及屋面构造等，还应根据泛水要求和立面设计要求，确定女儿墙的高度。

3）檐沟女儿墙外排水：确定檐沟的形式、尺寸、支承方式及防水构造，确定女儿墙处的泛水构造、女儿墙压顶做法和排水口的高度，确定屋面做法。

2. 泛水构造

确定泛水的构造做法和泛水高度，做好防水层的收头处理，确定屋面做法。

3. 雨水口构造

1）根据屋面排水方式，选择雨水口的形式。檐沟外排水、檐沟女儿墙外排水和女儿墙内排水的雨水口是直管，设于沟底。女儿墙外排水的雨水口是弯管，设于女儿墙的根部。

2）选择雨水口、雨水斗和雨水管的材料，确定安装方法。

3）做好雨水口处的防水，注意雨水口周边的防水层收头处理。

4）确定屋面做法。

4. 分格缝构造

确定分格缝的宽度，确定纵向和横向分格缝的防水构造做法。

8.2.3 设计参考图

参见图 8.3～图 8.11

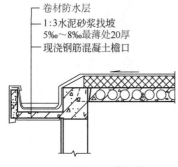

8.3 现浇外排水檐口构造

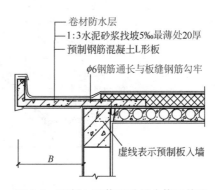

图 8.4 预制 L 形檐沟外排水檐口构造

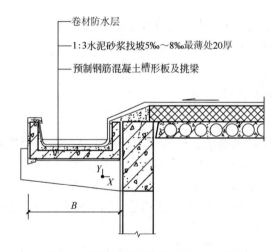

图 8.5　预制槽形檐沟外排水檐口构造

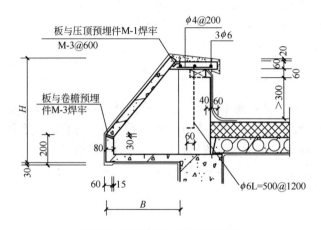

图 8.6　坡顶檐沟外露檐口构造

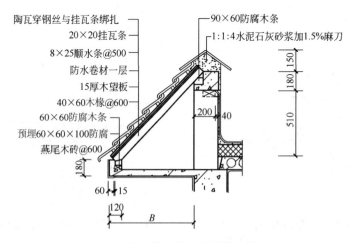

图 8.7　挂瓦坡顶檐沟外露檐口构造

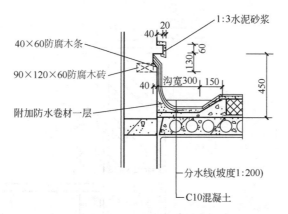

图 8.8　女儿墙内檐沟泛水

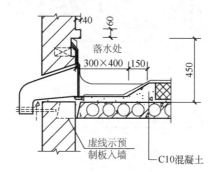

图 8.9　女儿墙外排水泛水构造

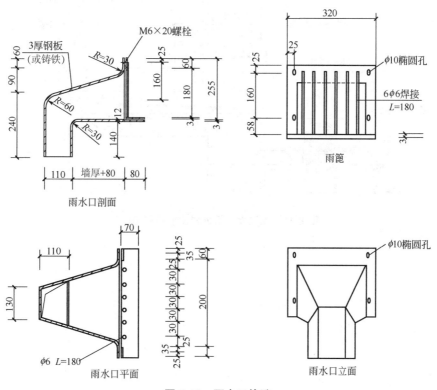

图 8.10　雨水口构造

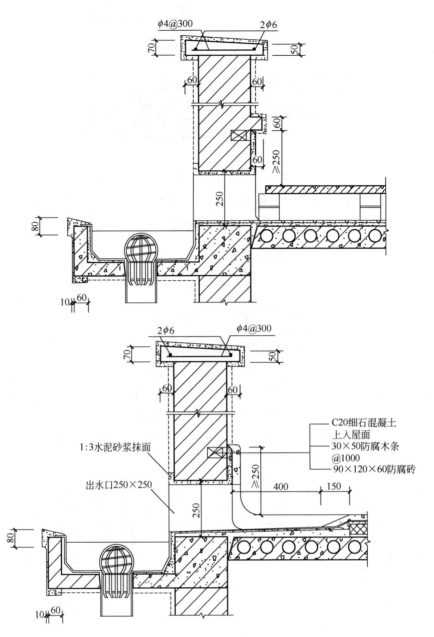

图 8.11　檐沟女儿墙外排水檐口构造

第9章 楼梯构造设计

9.1 设计任务书

9.1.1 设计题目

楼梯构造设计

9.1.2 设计目的

通过设计楼梯尺寸，并绘制楼梯平面、剖面以及相关节点构造，让学生掌握楼梯的布置原则，熟悉楼梯构造详图的设计及绘制。

9.1.3 设计条件

本项目包括两个设计条件，可选择任一个设计。

1. 住宅楼梯设计

1）已知某三层住宅建筑的层高为 2.8 m，室内外高差 0.8 m，其中用于室外的不得少于 100 mm。

2）该住宅楼梯采用平行双跑楼梯，楼梯间开间为 2.8 m，进深 5.7 m，如图 9.1 所示。

3）砖墙厚 200 mm，轴线居中，要求在底层中间平台下设置出入口。

4）楼梯间入口门洞尺寸为 1 800 mm×2 100 mm；窗洞尺寸为 1 500 mm×1 500 mm。

5）采用现浇整体式钢筋混凝土楼梯。本次设计屋顶为不上人屋顶。

6）楼梯的结构形式、栏杆扶手形式等自定。

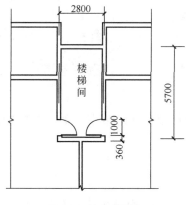

图 9.1　住宅楼梯间

2. 教室楼梯设计

1）某内廊式教学楼为 3 层（见图 9.2），层高 3.30 m，室内外高差 0.600 m，其中 150 mm

必须用于室外。

2）该教学楼的次要楼梯为平行双跑楼梯，楼梯间的开间为 3.30 m，进深为 5.7 m，如图 9.2 所示。

3）楼梯间的窗洞口尺寸为 1 500 mm×1 500 mm。

4）楼梯间的墙体为砖墙。

5）采用现浇整体式钢筋混凝土楼梯。本次设计屋顶为上人屋顶。

6）楼梯的结构形式、栏杆扶手形式等自定。

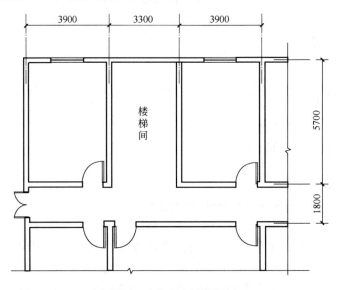

图 9.2　办公室楼梯间

9.1.4　设计任务和要求

用 A3 图纸 2～3 张，按《建筑制图标准》规定，绘制楼梯间平面图、剖面图和节点详图。要求字迹工整、布图匀称，所有线条、材料图例等均符合制图统一规定要求。

1. 楼梯间底层、二层和顶层三个平面　比例 1∶50。

1）画出楼梯间墙、门窗、踏步、平台及栏杆扶手等，底层平面图还应绘出投影所见室外台阶或坡道、部分散水等。

2）外部标注两道尺寸。

开间方向：

第一道：细部尺寸，包括楼梯段宽度、梯井宽度和墙内缘至轴线尺寸（门窗只按比例绘出，不标注尺寸）；

第二道：轴线尺寸。

进深方向：

第一道：细部尺寸，包括梯段长度[标注形式为（踏步数量－1）×踏步宽度=梯段长度]、平台深度和墙内缘至轴线尺寸；

第二道：轴线尺寸。

3）内部标注楼面和中间平台面标高、室内外地面标高，标注楼梯上下行指示线，并注明踏步数量和踏步尺寸。

4）注写图名和比例，底层平面还应标注剖切符号。

2. 楼梯间剖面图　比例 1：50。

1）画出楼梯、平台、栏杆扶手、室内外地坪、室外台阶或坡道、雨篷以及剖切到或投影所见的门窗、梯间墙等（可不画出屋顶，画至顶层水平栏杆以上断开，断开处用折断线表示），剖切到的部分用材料图例表示。

2）外部标注两道尺寸。

水平方向：

第一道：细部尺寸，包括梯段长度、平台深度和墙内缘至轴线尺寸；

第二道：轴线尺寸。

垂直方向：

第一道：细部尺寸，包括室内外地面高差和各梯段高度（标注形式为踏步数量×踏步高度=梯段高度）；

第二道：层高。

3）标注室内外地面标高、各楼面和中间平台面标高、底层中间平台的平台梁底面标高以及栏杆扶手高度等尺寸。

4）标注详图索引符号，注写图名和比例。

3. 楼梯节点详图

2～4 个，比例自选。要求表示清楚各部位的细部构造，注明构造做法，标注有关尺寸。

9.1.5　参考资料

1. 本书楼梯构造设计指导

2.《房屋建筑学》教材

3.《房屋建筑制图统一标准》

4. 图集　06J403-1(GJBT-945)楼梯、栏杆、栏板(一)

9.2　设　计　指　导

9.2.1　楼梯详图介绍

楼梯的构造一般较复杂，需另用详图表示。主要包括楼梯平面图、剖面图以及踏步、栏杆等节点详图。

1. 楼梯平面图

楼梯平面图是从距楼层平台人眼高度的位置，用水平剖面将楼梯间剖成上下两部分，并对下半部分进行向下的垂直投影而得到的图形，见图 9.3。图中，（a）图是用水平剖面将楼梯间进行了剖切，移去上部；（b）图表示从上往下俯视被剖切的楼梯标准层；（c）图是依据（b）图绘制的楼梯标准层平面图，进行了尺寸、标高、行进符号等的标注。

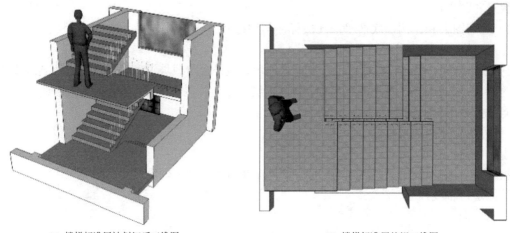

(a) 楼梯标准层被剖切后三维图　　　　　　　　(b) 楼梯标准层俯视三维图

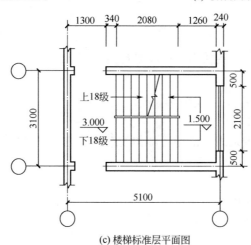

(c) 楼梯标准层平面图

图9.3　楼梯平面图的形成

在楼梯平面图上，需要标注楼梯间的开间与进深、楼梯平台标高、梯段宽度、梯段长度、平台深度、踏步宽度和踏步级数、梯井宽度以及方向箭头。

原则上每层只要有不同，就需要绘制该层的楼梯平面图，一般包括楼梯底层平面图、标准层平面图和顶层平面图。

2．楼梯剖面图

楼梯剖面图是用一假想的铅垂面，在一个梯段上将楼梯剖成两部分，向另一未剖到的梯段方向投影所得到的图形，见图9.4。楼梯剖面图能表达出房屋的层数、平台标高、梯段数量、踏步数量以及各梯段、平台、栏杆扶手的构造形式和它们之间的相互关系。

楼梯的剖切符号应标注在底层平面图上。

3．楼梯节点详图

当需要表达踏步、栏杆扶手等节点部位的构造详细信息时，可采用大比例的详图，如1∶1、1∶2、1∶5、1∶10等比例进行表达。

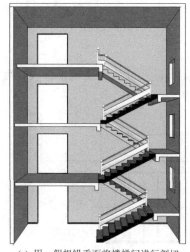 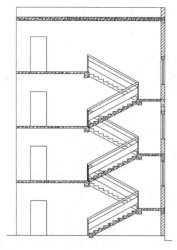

(a) 用一假想铅垂面将楼梯间进行剖切　　　　　　　(b) 投影后形成的楼梯剖面
注：黑色梯段为被剖切到的梯段

图 9.4　楼梯剖面图的形成

9.2.2　确定楼梯尺寸

楼梯设计，首先要确定楼梯相关尺寸。

1. 踏步尺寸和踏步数量

1）根据建筑物的性质和楼梯的使用要求，确定楼梯的踏步尺寸。楼梯的坡度也由踏步尺寸决定。表 9.1 是规范要求的各类型建筑楼梯踏步的尺寸限制。

表 9.1　楼梯踏步最小宽度和最大高度/m

楼梯类别	最小宽度	最大高度
住宅共用楼梯	0.26	0.175
幼儿园、小学校等楼梯	0.26	0.15
电影院、剧场、体育馆、商场、医院、旅馆和大中学校等楼梯	0.28	0.16
其他建筑楼梯	0.26	0.17
专用疏散楼梯	0.25	0.18
服务楼梯、住宅套内楼梯	0.22	0.20

注：无中柱螺旋楼梯和弧形楼梯离内侧扶手中心 0.25 m 处的踏步宽度不应小于 0.22 m。

可先选定踏步宽度 b，踏步宽度应采用 1/5m 的整数倍数，由经验公式

$b+2h$=600～630 mm 可求得踏步高度 h。

注：b——踏步宽度；h——为踏步高度；600 mm——成人的平均步距。

各级踏步尺寸应相同。通常公共建筑楼梯的踏步尺寸(适宜范围)为：踏步宽度 280～300 mm；踏步高度 150～160 mm。住宅建筑的踏步适宜尺寸为踏步宽度 260～280 mm，踏步高度 150～175 mm。

2）根据建筑物的层高 H 和初步确定的楼梯踏步高度 h 计算楼梯各层的踏步数量 N，即

$$N = \frac{H}{h}。$$

若得出的踏步数量 N 不是整数，可调整踏步高度。平行双跑楼梯各层的踏步数量宜取偶数。

2．梯段尺寸

根据楼梯形式和楼梯间的开间、进深尺寸，确定梯段尺寸。主要包括梯段宽度 B、梯段长度 L、楼梯平台深度 D 和楼梯井的宽度 C，见图9.5。

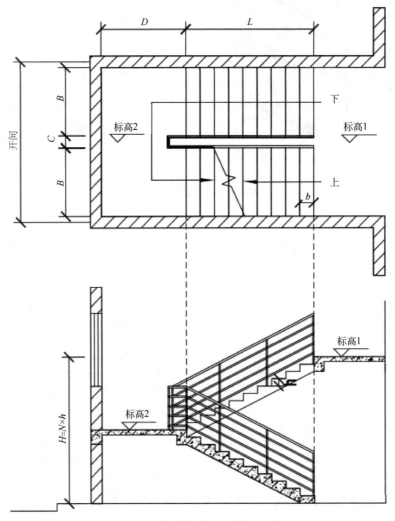

图 9.5　楼梯的平面和剖面尺寸

（1）梯段宽度 B

平行双跑楼梯的梯段宽度 B 由楼梯间开间净宽 A 和梯井宽 C 来确定。计算公式为：

$$B = \frac{A-C}{2}$$
（9-1）

楼梯间净开间 A 是楼梯间的开间减去两边墙的厚度。

（2）梯段长度 L

由于楼梯上行最后一个踏面的标高与楼梯平台的标高一致，其踏面宽度已经计入平台的的深度，因此，在计算梯段长度的时候应该减去一个踏步的宽度。

平行双跑楼梯的每一梯段长度为：

$$L_1 = L_2 = (\frac{N}{2} - 1) \times b \qquad (9\text{-}2)$$

（3）楼梯平台深度 D

楼梯平台深度是指楼梯平台的边缘到楼梯间墙面之间的净距。为了交通顺畅、搬运家具等需求，规范规定平台最小宽度 D 不应小于梯段宽度 B，即满足 D≥B，并不得小于 1.20 m。

（4）楼梯井宽度 C

楼梯井是由楼梯的梯段和休息平台内侧围成的上下贯通的空间，其宽度是两个梯段板之间的水平投影距离。楼梯井的宽度通常取 60 mm～200 mm。

3. 确定栏杆扶手的高度和样式

室内楼梯栏杆扶手高度不宜小于 0.90 m，栏杆扶手参考样式见图 9.6～9.8。

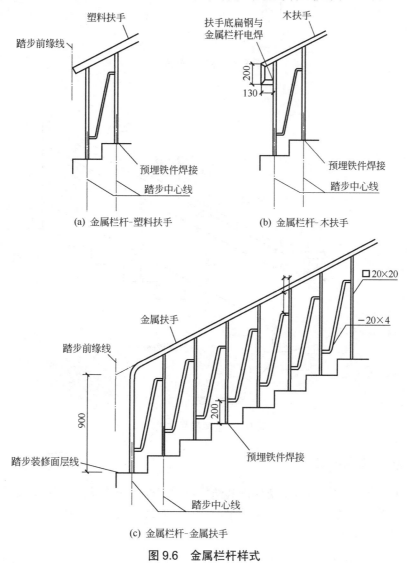

(a) 金属栏杆-塑料扶手　　　(b) 金属栏杆-木扶手

(c) 金属栏杆-金属扶手

图 9.6　金属栏杆样式

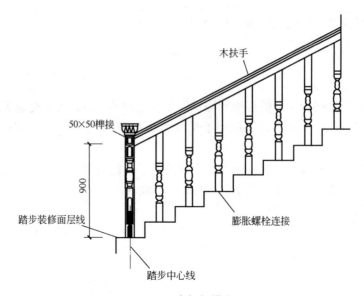

图 9.7 木栏杆样式

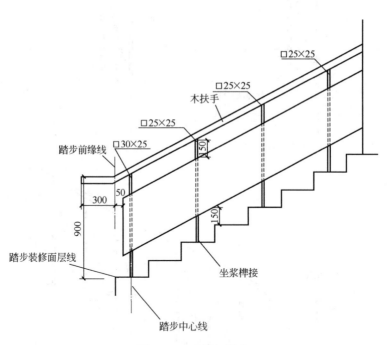

图 9.8 玻璃栏杆样式

9.2.3 确定楼梯形式

常用的楼梯为现浇钢筋混凝土楼梯,其结构形式有板式和梁板式。当梯段跨度一般不超过 4 m 时,可选用板式楼梯;超过 4 m 跨度的情况,宜选用梁板式楼梯。

板式楼梯和梁板式楼梯示意图见图 9.9。

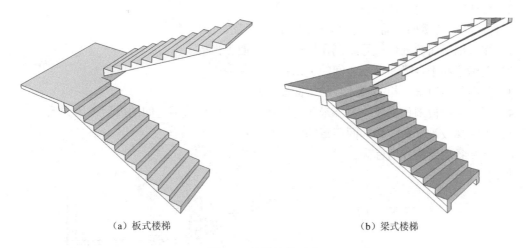

（a）板式楼梯 　　　　　　　　　　　　（b）梁式楼梯

图 9.9　楼梯结构形式

9.2.4　绘制图形

1. 楼梯平面图的设计绘制

根据确定的楼梯尺寸进行平面图的绘制。绘制踏步、楼梯井、栏杆扶手等图形。在平面图上应标注：

1）梯段折断线；

2）楼梯上下行指示符号，且以楼层平台为基准进行标注；

3）上下行的踏步数，应是上行或下行到另一楼层的踏步总数 N；

4）楼层平台和中间平台的标高；

5）踏步、梯段、平台的尺寸。

一般需要绘制底层平面图、标准层平面图和顶层平面图。注意楼层不同，在踏步、折断线等处绘制的不同。见图 9.10。

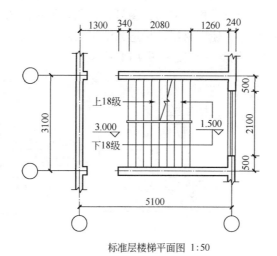

标准层楼梯平面图 1:50

图 9.10　楼梯标准层平面图

2. 楼梯剖面图的设计绘制

根据已绘制的楼梯平面图进行楼梯剖面图的绘制。应注意：

1）楼梯剖面图的剖切符号绘制在楼梯底层平面上；

2）正确绘制平台梁和踏步之间的关系；

3）剖面踏步数量、相关尺寸须与平面图一致；

4）正确绘制被剖切梯段、另外未剖切的梯段以及栏杆扶手之间的前后表达关系；

5）标注梯段、平台、楼梯间门窗的竖向尺寸；

6）标注各主要构件的标高。

见图 9.11。

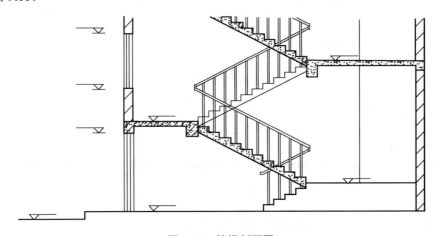

图 9.11　楼梯剖面图

3. 楼梯节点详图的设计绘制

选择楼梯具有代表性的构造节点，如踏步的处理、栏杆扶手的连接等进行细部构造节点详图的设计与绘制。应注意：

1）在楼梯平面图或者楼梯剖面图上，用详图索引号标注需要绘制节点详图的部位；

2）详图下应标注与详图索引号相对应的详图号、详图名称和详图比例；

3）在详图上标注相关尺寸、使用材料、构造方法等信息。

楼梯各构造节点的参考示例如图 9.12～图 9.14 所示。

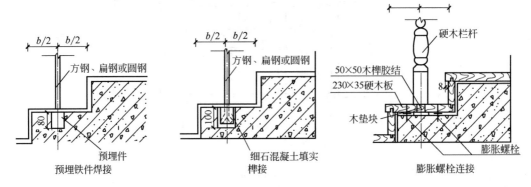

图 9.12　踏步与栏杆的连接方式

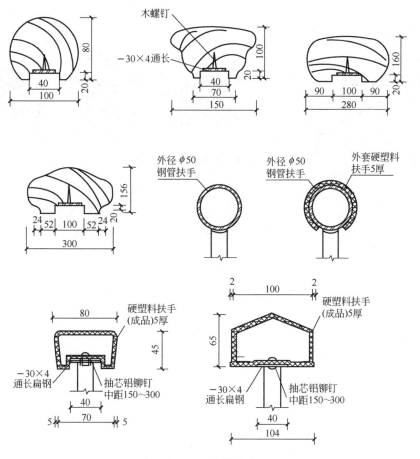

图 9.13 扶手形式

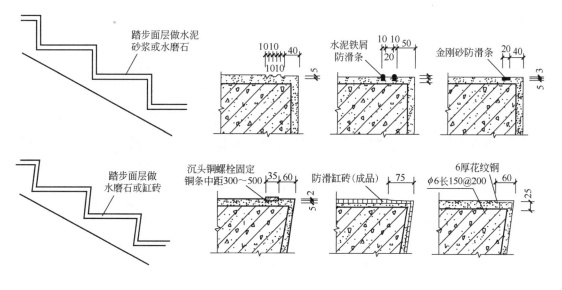

图 9.14

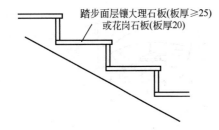

踏步面层镶大理石板(板厚≥25)
或花岗石板(板厚20)

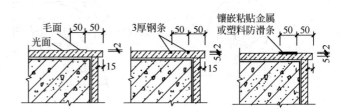

图 9.14 踏步防滑处理

第10章 基础构造设计

10.1 设计任务书

10.1.1 设计题目

条形基础构造设计

10.1.2 设计目的

本设计针对《房屋建筑学》课程中构造设计的相关内容。

通过对民用建筑的基础设计，使学生能够初步了解常用基础墙下条形基础类别、适用范围及构造要求。

10.1.3 设计条件

多层砖混结构墙下混凝土条形基础：

1）采用素混凝土阶梯形基础，混凝土采用 C10，基础埋置深度-1.2 m。基础高 600 mm，分两阶设计，每阶高 300 mm。基础上部砖墙厚 240 mm，基础底面平均压应力 P 小于 20kPa。

2）条形基础底面宽度按照刚性基础台阶宽高比的最大允许值取用。

10.1.4 设计任务和要求

按照刚性条形基础台阶宽高比的允许值，正确确定出混凝土基础的底面宽度、每阶基础宽度和高度。使用尺规，按建筑制图标准规定，使用 A3 图纸，完成混凝土基础剖面图绘制。基础剖面投影关系正确，符合建筑设计规范要求。

具体内容如下：

1）确定混凝土基础的埋置深度、基础宽度及高度，基础每阶宽度及高度、基础顶面及底面标高、砖墙厚度。

2）绘制混凝土基础剖面图，比例 1：5。要求：

① 正确绘制混凝土阶梯形基础、基础上部墙体及填土。

② 标注混凝土基础宽度、高度、每阶宽度及高度、墙体厚度，基础底面及顶面标高、基础刚性角大小。

③ 注写图名和比例。

10.1.5 参考资料

● 《房屋建筑学》教材
● 本章基础构造设计指导
● 建筑设计资料集（第二版），中国建筑工业出版社
● 建筑构造资料集（上），中国建筑工业出版社

10.2　设 计 指 导

10.2.1　条形基础的组成部分

墙下条形基础是砌体结构房屋采用最多的一种基础形式。当地基土条件较好、上部建筑物荷载不大、基础埋置深度较浅时，砌体结构采用墙下条形基础有明显的优势。

根据墙下条形基础材料不同，常用类型有砖基础、毛石基础、混凝土基础、钢筋混凝土基础。前三种基础都是采用抗压强度高而抗弯、抗剪强度低的刚性材料，统称刚性基础，基础最大底宽受到材料刚性角限制，因此该类基础不能承受过大的上部建筑荷载。

刚性基础通常由以下几部分组成（见图 10.1）：

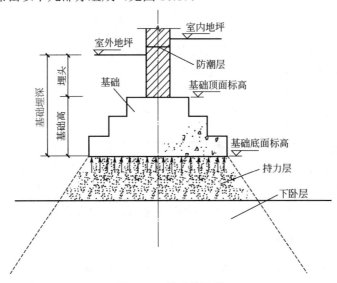

图 10.1　基础的组成

1. 基础垫层

设置在地基土持力层与基础之间，材料可以采用低强度等级混凝土或三合土，主要起找平作用，同时可以将上部荷载有效均匀的传至地基土持力层上。基础垫层根据需要选择使用，砖基础和毛石基础一般可设置，混凝土基础可不需设置。

2. 基础

设置在基础垫层与上部墙体之间，是传递上部建筑荷载到地基土的主要构件。混凝土基础没有基础垫层则直接设置在地基土持力层之上。

3. 基础覆土

在基础顶面与上部室内外标高之间，需要回填素土并夯实。

10.2.2　刚性条形基础的构造设计

1. 基础垫层

基础垫层在砖基础中应用广泛，可采用 30～50 mm 厚细石混凝土垫层设置于基础大放脚下。

若上部荷载较大或地基土较弱，北方地区多用 450 mm 后三七灰土（石灰：黄土为 3：7）作为传力垫层。南方潮湿地区多用三合土（石灰：炉渣：碎石为 1：3：6）作为传力垫层。

2. 基础设计

砖基础：砖的等级不得低于 MU10，采用水泥砂浆砌筑，以利于防潮。

由于刚性角的限制，常采用每隔二皮砖厚收进 1/4 砖的断面形式，当基础底宽较大时，也可以采用二皮一级与一皮一级间隔收进的断面形式，但其最底层必须用二皮一级(图 10.2)。

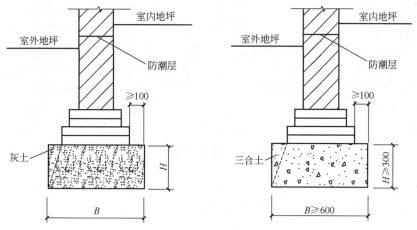

图 10.2 砖基础

毛石基础：砌筑所用毛石厚度和宽度不得小于 150 mm，长度为宽度的 1.5～2.5 倍，强度等级不低于 MU25。砌筑时要求毛石大小交错搭配，使灰缝错开。毛石基础常砌成阶梯形，每阶伸出的长度不宜大于 200 mm，毛石基础台阶的高度和基础墙的宽不宜小于 400 mm（图 10.3）。

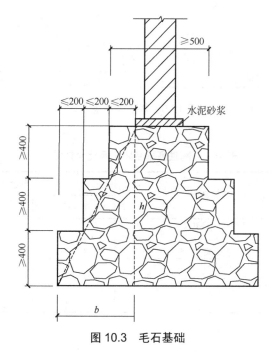

图 10.3 毛石基础

混凝土基础：常用混凝土等级在 C7.5～C15 之间。其剖面形式和尺寸，除满足刚性角之外，不受材料规格限制，按照结构受力计算确定，其基本形式有矩形、阶梯形、梯形等（图 10.4）。

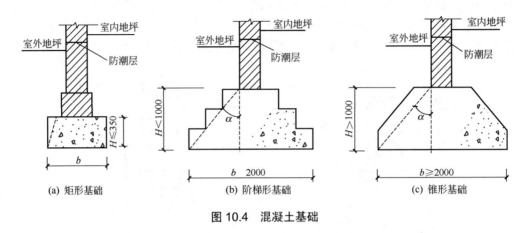

(a) 矩形基础　　　　　　(b) 阶梯形基础　　　　　　(c) 锥形基础

图 10.4　混凝土基础

不论采用哪种刚性基础，基础底宽都必须受到刚性角的限制，刚性角是基础放宽的引线和墙体垂直线之间的夹角（图 10.5）。刚性角常用基础台阶宽高比来表示（见表 10.1）。

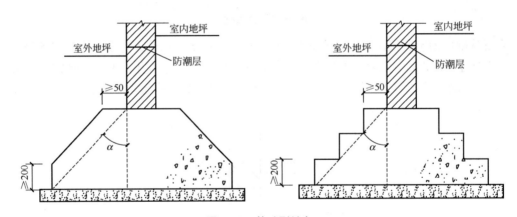

图 10.5　基础刚性角

表 10.1　刚性基础台阶宽高比允许值

基础名称	质量要求	台阶宽高比允许值		
		P≤10	10<P≤20	20<P≤30
砖基础	砖不低于 MU7.5 水泥砂浆 M5 水泥砂浆 M2.5	1：1.5 1：1.5	1：1.5 1：1.5	1：1.5
毛石基础	水泥砂浆 M5、M2.5 水泥砂浆 M1	1：1.25 1：1.5	1：1.5 1：1.5	
混凝土基础	C10 混凝土 C7.5 混凝土	1：1 1：1	1：1 1：1.25	1：1.25 1：1.50

10.2.3　参考示例

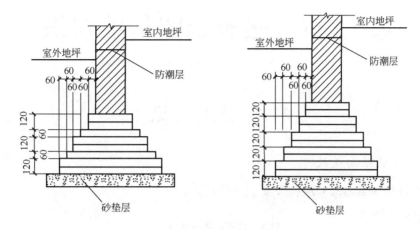

图 10.6　砖基础设计示例

第11章 建筑制图基础知识

11.1 图 纸

11.1.1 图纸幅面及尺寸

建筑制图所用图纸幅面和应符合表 11.1 的规定。

表 11.1 幅面及图框尺寸/mm

尺寸代号 \ 幅面代号	A0	A1	A2	A3	A4
$b \times l$	841×1 189	594×841	420×594	297×420	210×297
c	10			5	
a	25				

注：表中 b 为幅面短边尺寸，l 为幅面长边尺寸，c 为图框线与幅面线间宽度，a 为图框线与装订边间宽度。图纸幅面大小关系见图 11.1。

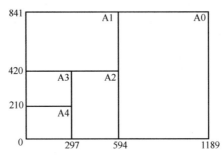

图 11.1 图纸幅面

11.1.2 横式与立式图纸

图纸以短边作为垂直边应为横式，以短边作为水平边应为立式。A0～A3 图纸宜横式使用；必要时，也可立式使用。A4 图纸一般采用立式幅面。见图 11.2、图 11.3。

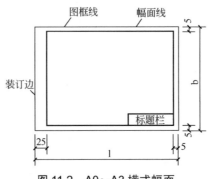

图 11.2 A0～A3 横式幅面

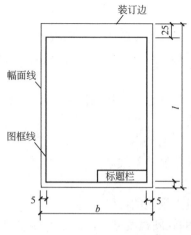

图 11.3　A0~A4 立式幅面

11.1.3　图纸加长

图纸的短边尺寸不应加长，A0~A3 幅面长边尺寸可加长，但应符合表 11.2 的规定。

表 11.2　图纸长边加长尺寸/mm

幅面代号	长边尺寸	长边加长后的尺寸
A0	1189	1 486(A0+1/4l)　1 635(A0+1/2l)　1 932(A0+5/8l)　2 080(A0+3/4l)　2 230(A0+7/8l)　2 378（A0+1l）
A1	841	1 051(A1+1/4l) 1 261(A1+1/2l) 1 471(A1+1l) 1 892(A1+5/4l) 2 102(A1+3/2l)
A2	594	743(A2+1/4l) 891(A2+1/2l) 1 189(A2+1l) 1 338(A2+5/4l) 1 486(A2+3/2l) 1 635(A2+7/4l) 1 783(A2+2l) 1 932(A2+9/4l) 2 080(A2+5/2l)
A3	420	630(A3+1/2l)　841(A3+1l)　1 051(A3+3/2l)　1 261(A3+2l)　1 471(A3+5/2l)　1 682(A3+3l) 1 892(A3+7/2l)

注：有特殊需要的图纸，可采用 $b×l$ 为 841 mm×891 mm 与 1189 mm×1261 mm 的幅面。

11.2　绘图工具

11.2.1　基本绘图工具

基本的绘图工具包括图板、丁字尺、三角板、绘图铅笔等，见图 11.4。

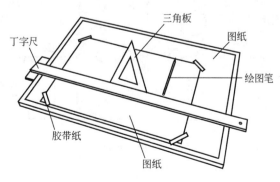

图 11.4　基本绘图工具

1. 绘图板

绘图板是木质的薄板，绘图时，将图纸固定在图板上进行绘制。图板有不同的型号。常用的有 A0 到 A3 的尺寸。根据图纸的大小，可以选择相应尺寸的图板。

2. 丁字尺

丁字尺由相互垂直的尺头和尺身组成，形如汉字"丁"，也称 T 形尺。丁字尺用来画水平线以及配合三角板绘制垂直线。

3. 三角板

主要用来绘制垂直线和各种角度的斜线。

4. 绘图笔

包括打底稿的绘图铅笔以及上墨线的针管笔等。

1）绘图所用的铅笔以铅芯的软硬程度划分，铅笔上标注的"H"表示硬铅笔，"B"表示软铅笔，"HB"、"F"表示软硬适中。

绘制工程图时，应使用较硬的铅笔打底稿，如"2H"，用"HB"铅笔注写文字和尺寸，用"2B"加深图线。

2）针管笔。针管笔的笔身是钢笔状或签字笔，笔头是长约 2 cm 中空钢制圆环，里面藏着一条活动细钢针，能绘制出均匀一致的线条。根据笔头的粗细，可以绘制不同粗细的线条。

5. 胶带纸

用来在图板上固定图纸。

图 11.5　针管笔

11.2.2　其他绘图工具

1. 建筑模板

建筑模板上有特定的形状，在制图中可以使用。见图 11.6。

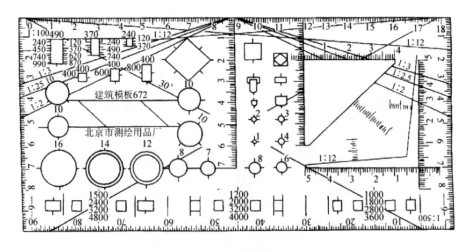

图 11.6　建筑模板

2. 擦图片

当图线绘制错误时，为了避免在擦除错误图线时，将周围的正确图线擦去，可以使用擦图片，将错误的图线放置在擦图片的透空处进行擦拭。

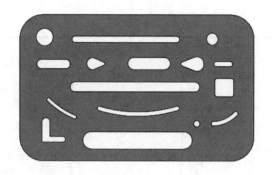

图 11.7　擦图片

3. 蝴蝶尺

用来绘制平行线。

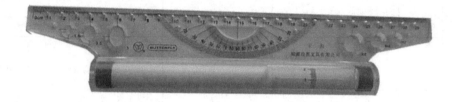

图 11.8　蝴蝶尺

11.3　图　形　绘　制

11.3.1　图线

1. 图线宽度

图线的宽度 b 宜从 1.4 mm、1.0 mm、0.7 mm、0.5 mm、0.35 mm、0.25 mm、0.18 mm、0.13 mm 线宽系列中选取。图线宽度不应小于 0.1 mm。每个图样，应根据复杂程度与比例大小，先选定基本线宽 b，再选用表 11.3 中相应的线宽组。

绘制较简单的图样时，可采用两种线宽的线宽组，其线宽比宜为 $b:0.25b$。

表 11.3　线宽组

线宽比	线宽组			
b	1.4	1.0	0.7	0.5
$0.7b$	1.0	0.7	0.5	0.35
$0.5b$	0.7	0.5	0.35	0.25
$0.25b$	0.35	0.25	0.18	0.13
注：同一张图纸内，各不同线宽中的细线，可统一采用较细的线宽组的细线				

建筑制图采用的各种图线，应当符合表 11.4 中的规定。

表 11.4　图线

名称		线型	线宽	一般用途
实线	粗	——————	b	1）平、剖面图中被剖切的主要建筑构造（包括构配件）的轮廓线； 2）建筑立面图或室内立面图的外轮廓线； 3）建筑构造详图中被剖切的主要部分的轮廓线； 4）建筑构配件详图中的外轮廓线； 5）平、立、剖面图的剖切符号
	中粗	——————	$0.7b$	1）平、剖面图中被剖切的次要建筑构造（包括构配件）的轮廓线； 2）建筑平、立、剖面图中建筑构配件的轮廓线； 3）建筑构造详图及建筑构配件详图中的一般轮廓线
	中	——————	$0.5b$	小于 $0.7b$ 的图形线、尺寸线、尺寸界限、索引符号、标高符号、详图材料做法引出线、粉刷线、保温层线、地面、墙面的高差分界线等
	细	——————	$0.25b$	图例填充线、家具线、纹样线等
虚线	中粗	--------------	$0.7b$	1）建筑构造详图及建筑构配件不可见的轮廓线； 2）平面图中的起重机（吊车轮廓线）； 3）拟建、扩建建筑物轮廓线
	中	--------------	$0.5b$	投影线、小于 $0.7b$ 的不可见轮廓线
	细	--------------	$0.25b$	图例填充线、家具线等
单点长画线	粗	—‒—‒—‒—	b	起重机（吊车）轨道线
	细	—‒—‒—‒—	$0.25b$	中心线、对称线、定位轴线
折断线	细	——／\———	$0.25b$	部分省略表示时的断开界线
波浪线	细	∿∿∿	$0.25b$	部分省略表示时的断开界线，曲线形构件断开界线，构造层次的断开界线

2.　图线宽度选用示例见图 11.9～图 11.11

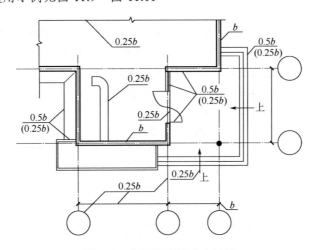

图 11.9　平面图图线宽度示例

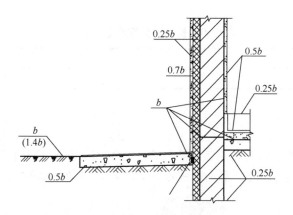

图 11.10　墙身剖面图图线宽度选用示例

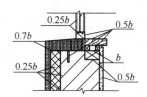

图 11.11　详图图线宽度选用示例

11.3.2　比例

图样的比例，应为图形与实物相对应的线性尺寸之比。

建筑制图选用的各种比例，宜符合表 11.5 的规定。

表 11.5　比例

图名	比例
建筑物或构筑物的平面图、立面图、剖面图	1:50、1:100、1:150、1:200、1:300
建筑物或构筑物的局部放大图	1:10、1:20、1:25、1:30、1:50
配件及构造详图	1:1、1:2、1:5、1:10、1:15、1:20、1:25、1:50

比例的符号应为"∶"，比例应以阿拉伯数字表示。

比例宜注写在图名的右侧，字的基准线应取平；比例的字高宜比图名的字高小一号或二号(图 11.12)。

$$\underline{平面图} \quad 1:100 \qquad \textcircled{6} \; 1:20$$

图 11.12　比例的注写

11.3.3　字体

图样及说明中的汉字，宜采用长仿宋体或黑体，同一图纸字体种类不应超过两种。长仿宋体的高度的关系应符合表 11.6 的规定，黑体字的宽度与高度应相同。大标题、图册封面、地形图等的汉字，也可书写成其他字体，但应易于辨认。

表 11.6　长仿宋字高宽关系/mm

字高	20	14	10	7	5	3.5
字宽	14	10	7	5	3.5	2.5

11.3.4　符号

1. 标高

标高符号应以直角等腰三角形表示，按图 11.13（a）所示形式用细实线绘制，如标注位置不够，也可按图 11.13（b）所示形式绘制。标高符号的具体画法如图 11.13（c）、（d）所示。

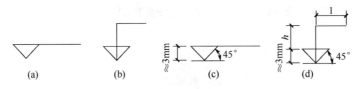

图 11.13　标高符号

总平面图室外地坪标高符号，宜用涂黑的三角形表示，具体画法应符合图 11.14 所示。

标高符号的尖端应指至被注高度的位置。尖端宜向下，也可向上。标高数字应注写在标高符号的上侧或下侧(图 11.15)。

图 11.14　总平面图室外地坪标高符号　　　　图 11.15　标高的指向

标高数字应以米为单位，注写到小数点以后第三位。在总平面图中，可注写到小数字点以后第二位。

零点标高应注写成±0.000，正数标高不注"＋"，负数标高应注"－"，例如 3.000、－0.600。

在图样的同一位置需表示几个不同标高时，标高数字可按图 11.16 的形式注写。

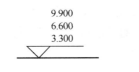

图 11.16　同一位置注写多个标高位置

2. 剖切符号

剖视的剖切符号应由剖切位置线及剖视方向线组成，均应以粗实线绘制。剖视的剖切符号应符合下列规定：

1）剖切位置线的长度宜为 6～10 mm；剖视方向线应垂直于剖切位置线，长度应短于剖切位置线，宜为 4～6 mm(图 11.17)，绘制时，剖视剖切符号不应与其他图线相接触。

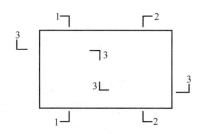

图 11.17　剖视的剖切符号

2）剖视剖切符号的编号宜采用粗阿拉伯数字，按剖切顺序由左至右、由下向上连续编排，并应注写在剖视方向线的端部。

3）需要转折的剖切位置线，应在转角的外侧加注与该符号相同的编号。

4）建(构)筑物剖面图的剖切符号应注在±0.000 标高的平面图或首层平面图上。

5）局部剖面图(不含首层)的剖切符号应注在包含剖切部位的最下面一层的平面图上。

3. 索引符号与详图符号

（1）索引符号

图样中的某一局部或构件，如需另见详图，应以索引符号索引（图 11.18（a））。索引符号是由直径为 8～10 mm 的圆和水平直径组成，圆及水平直径应以细实线绘制。

索引符号应按下列规定编写：

① 索引出的详图，如与被索引的详图同在一张图纸内，应在索引符号的上半圆中用阿拉伯数字注明该详图的编号，并在下半圆中间画一段水平细实线（图 11.18（b））。

② 索引出的详图，如与被索引的详图不在同一张图纸内，应在索引符号的上半圆中用阿拉伯数字注明该详图的编号，在索引符号的下半圆用阿拉伯数字注明该详图所在图纸的编号（图 11.18（c））。数字较多时，可加文字标注。

③ 索引出的详图，如采用标准图，应在索引符号水平直径的延长线上加注该标准图集的编号（图 11.18（d））。需要标注比例时，文字在索引符号右侧或延长线下方，与符号下对齐。

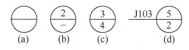

图 11.18　索引符号

索引符号如用于索引剖视详图，应在被剖切的部位绘制剖切位置线，并以引出线引出索引符号，引出线所在的一侧应为剖视方向（图 11.19）。

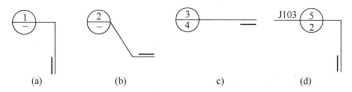

图 11.19　用于索引剖面详图的索引符号

（2）详图符号

详图的位置和编号，应以详图符号表示。详图符号的圆应以直径为 14 mm 粗实线绘制。

详图编号应符合下列规定：

① 详图与被索引的图样同在一张图纸内时，应在详图符号内用阿拉伯数字注明详图的编号（图 11.20（a））。

② 详图与被索引的图样不在同一张图纸内时，应用细实线在详图符号内画一水平直径，在上半圆中注明详图编号，在下半圆中注明被索引的图纸的编号（图 11.20（b））。

图 11.20 详图符号

3. 引出线

引出线应以细实线绘制，宜采用水平方向的直线、与水平方向成 30°、45°、60°、90° 的直线，或经上述角度再折为水平线。文字说明宜注写在水平线的上方（图 11.21（a）），也可注写在水平线的端部（图 11.21（b））。索引详图的引出线，应与水平直径线相连接（图 11.21（c））。

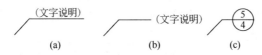

图 11.21 引出线

同时引出的几个相同部分的引出线，宜互相平行（图 11.22（a）），也可画成集中于一点的放射线（图 11.22（b））。

图 11.22 共同引出线

多层构造或多层管道共用引出线，应通过被引出的各层，并用圆点示意对应各层次。文字说明宜注写在水平线的上方，或注写在水平线的端部，说明的顺序应由上至下，并应与被说明的层次对应一致（图 11.23（a））；如层次为横向排序，则由上至下的说明顺序应与由左至右的层次对应一致（图 11.23（b））。

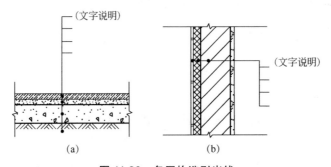

图 11.23 多层构造引出线

4. 指北针

指北针的形状符合图 11.24 的规定，其圆的直径宜为 24 mm，用细实线绘制；指针尾部的宽度宜为 3 mm，指针头部应注"北"或"N"字。需用较大直径绘制指北针时，指针尾部的宽度宜为直径的 1/8。

图 11.24　指北针

11.3.5　定位轴线

1）定位轴线应用细单点长画线绘制。

2）定位轴线应编号，编号应注写在轴线端部的圆内。圆应用细实线绘制，直径为 8 mm～10 mm。定位轴线圆的圆心应在定位轴线的延长线上或延长线的折线上。

除较复杂需采用分区编号或圆形、折线形外，平面图上定位轴线的编号，宜标注在图样的下方或左侧。横向编号应用阿拉伯数字，从左至右顺序编写；竖向编号应用大写拉丁字母，从下至上顺序编写(图 11.25)。

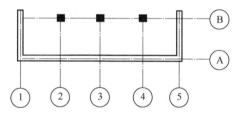

图 11.25　定位轴线的编号顺序

拉丁字母作为轴线号时，应全部采用大写字母，不应用同一个字母的大小写来区分轴线号。拉丁字母的 I、O、Z 不得用做轴线编号。当字母数量不够使用，可增用双字母或单字母加数字注脚。

组合较复杂的平面图中定位轴线也可采用分区编号(图 11.26)。编号的注写形式应为"分区号—该分区编号"。"分区号—该分区编号"采用阿拉伯数字或大写拉丁字母表示。

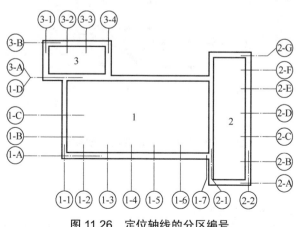

图 11.26　定位轴线的分区编号

3）附加定位轴线的编号，应以分数形式表示，并应符合下列规定：

① 两根轴线的附加轴线，应以分母表示前一轴线的编号，分子表示附加轴线的编号。编号宜用阿拉伯数字顺序编写。

② 1号轴线或A号轴线之前的附加轴线的分母应以01或0A表示。

4）圆形与弧形平面图中的定位轴线，其径向轴线应以角度进行定位，其编号宜用阿拉伯数字表示，从左下角或-90°(若径向轴线很密，角度间隔很小)开始，按逆时针顺序编写；其环向轴线宜用大写拉丁字母表示，从外向内顺序编写(图11.27、图11.28)。

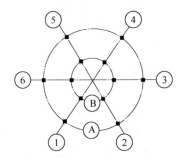

图 11.27　圆形平面定位轴线的编号

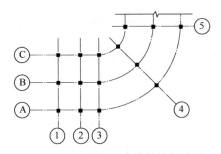

图 11.28　弧形平面定位轴线的编号

折线形平面图中定位轴线的编号可按图11.29的形式编写。

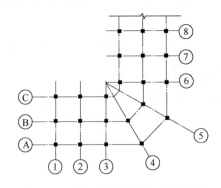

图 11.29　折形平面定位轴线的编号

11.3.6　尺寸

1. 尺寸界线、尺寸线及尺寸起止符号

图样上的尺寸，应包括尺寸界线、尺寸线、尺寸起止符号和尺寸数字（图11.30）。

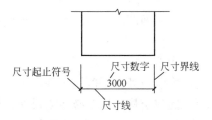

图 11.30　尺寸的组成

尺寸界线应用细实线绘制,应与被注长度垂直,其一端应离开图样轮廓线不应小于 2 mm,另一端宜超出尺寸线 2～3 mm。图样轮廓线可用作尺寸界线（图 11.31）。

图 11.31　尺寸界线

尺寸线应用细实线绘制,应与被注长度平行。图样本身的任何图线均不得用作尺寸线。

尺寸起止符号用中粗斜短线绘制,其倾斜方向应与尺寸界线成顺时针 45° 角,长度宜为 2～3 mm。

2. 尺寸标注

1）尺寸可分为总尺寸、定位尺寸和细部尺寸。绘图时,应根据设计深度和图纸用途确定所需注写的尺寸。

2）建筑物平面、立面、剖面图,宜标注室内外地坪、楼地面、地下层地面、阳台、平台、檐口、屋脊、女儿墙、雨棚、门、窗、台阶等处的标高。

平屋面等不易标明建筑标高的部位可标注结构标高,应进行说明。结构找坡的平屋面,屋面标高可标注在结构板面最低点,并注明找坡坡度。有屋架的屋面,应标注屋架下弦搁置点或柱顶标高。有起重机的厂房剖面图应标注轨顶标高、屋架下弦杆件下边缘或屋面梁底、板底标高。梁式悬挂起重机宜标出轨距尺寸,并应以米（m）计。

3）楼地面、地下层地面、阳台、平台、檐口、屋脊、女儿墙、台阶等处的高度尺寸及标高,宜按下列规定注写:

① 平面图及其详图应注写完成面标高;

② 立面图,剖面图及其详图应注写完成面标高及高度方向的尺寸;

③ 其余部分应注写毛面尺寸及标高;

④ 标注建筑平面图各部位的定位尺寸时,应注写与其最邻近的轴线间的尺寸;标注建筑剖面各部位的定位尺寸时,应注写其所在层次内的尺寸。

11.3.7　图样画法

1. 平面图

平面图的方向宜与总图方向一致。平面图的长边宜与横式幅面图纸的长边一致。

在同一张图纸上绘制多于一层的平面图时，各层平面图宜按层数由低向高的顺序从左至右或从下至上布置。

除顶棚平面图外，各种平面图应按正投影法绘制。

建筑物平面图应在建筑物的门窗洞口处水平剖切俯视，屋顶平面图应在屋面以上俯视，图内应包括剖切面及投影方向可见的建筑构造以及必要的尺寸、标高等，表示高窗、洞口、通气孔、槽、地沟及超重机等不可见部分时，应采用虚线绘制。

建筑物平面图应注写房间的名称或编号。编号应注写在直径为 6 mm 细实线绘制的圆圈内，并应在同张图纸上列出房间名称表。

顶棚平面图宜采用镜像投影法绘制。

2. 立面图

各种立面图应按正投影法绘制。

建筑立面图应包括投影方向可见的建筑外轮廓线和墙面线脚、构配件，墙面做法及必要的尺寸和标高等。

在建筑物立面图上，相同的门窗、阳台、外檐装修、构造做法等可在局部重点表示，并应绘出其完整图形，其余部分可只画轮廓线。

在建筑物立面图上，外墙表面分格线应表示清楚，应用文字说明各部分所用面材及色彩。

有定位轴线的建筑物，宜根据两端定位轴线号编注立面图名称。无定位轴线的建筑物可按平面图各面的朝向确定名称。

3. 剖面图

剖面图的剖切部位，应根据图纸的用途或设计深度，在平面图上选择能反映全貌、构造特征以及有代表性的部位剖切。

各种剖面图应按正投影法绘制。

建筑剖面图内应包括剖切面和投影方向可见的建筑构造，构配件以及必要的尺寸、标高等。

剖切符号可用阿拉伯数字，罗马数字或拉丁字母编号。

4. 其他规定

指北针应绘在建筑物±0.000 标高的平面图上，并应放在明显位置，所指的方向应与总图一致。

零配件详图与构造详图，宜按直接正投影法绘制。

不同比例的平面图，剖面图，其抹灰层、楼地面，材料图例的省略画法，应符合下列规定：

1）比例大于 1∶50 的平面、剖面图，应画出抹灰层、保温隔热层等与楼地面、屋面的面层线，并宜画出材料图例；

2）比例等于 1∶50 的平面图，剖面图，剖面图宜画出楼地面、屋面的面层线，宜绘出保温隔热层，抹灰层的面层线应根据需要确定；

3）比例小于 1∶50 的平面图，剖面图，可不画出抹灰层，但剖面图宜画出楼地面、屋面的面层线；

4）比例为 1∶100～1∶200 的平面图、剖面图，可画简化的材料图例，但剖面图宜画出楼地面、屋面的面层线；

5）比例小于 1∶200 的平面图、剖面图，可不画材料图例，剖面图的楼地面、屋面的面层线可不画出。

相邻的立面图或剖面图，宜绘制在同一水平线上，图内相互有关的尺寸及标高，宜标注在同一竖线上，见图 11.32。

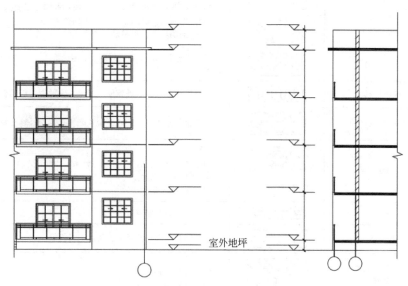

图 11.32 相邻立面图、剖面图的位置关系

11.3.8 常用建筑材料图例

常用建筑材料应按表 11.7 所示图例画法绘制。

表 11.7 常用建筑材料图例

序号	名称	图例	备注
1	自然土壤		包括各种自然土壤
2	夯实土壤		
3	砂、灰土		靠近轮廓线绘较密的点
4	砂砾石、碎砖三合土		
5	石材		
6	毛石		
7	普通砖		包括实心砖、多孔砖、砌块等砌体。断面较窄不易绘出图例线时，可涂红
8	耐火砖		包括耐酸砖等砌体
9	空心砖		指非承重砖砌体
10	饰面砖		包括铺地砖、马赛克、陶瓷锦砖、人造大理石等
11	焦渣、矿渣		包括与水泥、石灰等混合而成的材料

序号	名称	图例	备注
12	混凝土		1）本图例指能承重的混凝土及钢筋混凝土； 2）包括各种强度等级、骨料、添加剂的混凝土； 3）在剖面图上画出钢筋时，不画图例线； 4）断面图形小，不易画出图例线时，可涂黑
13	钢筋混凝土		
14	多孔材料	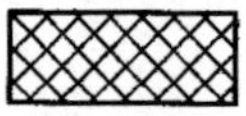	包括水泥珍珠岩、沥青珍珠岩、泡沫混凝土、非承重加气混凝土、软木、蛭石制品等
15	纤维材料	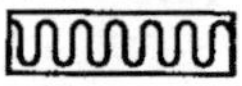	包括矿棉、岩棉、玻璃棉、麻丝、木丝板、纤维板等
16	泡沫塑料材料	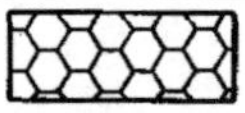	包括聚苯乙烯、聚乙烯、聚氨酯等多孔聚合物类材料
17	木材	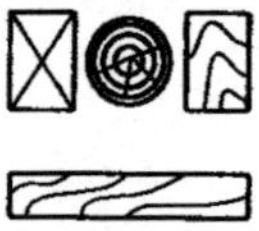	1）上图为横断面，上左图为垫木、木砖或木龙骨； 2）下图为纵断面
18	胶合板	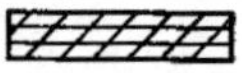	应注明为×层胶合板
19	石膏板	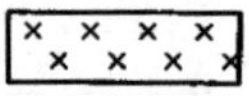	包括圆孔、方孔石膏板、防水石膏板等
20	金属	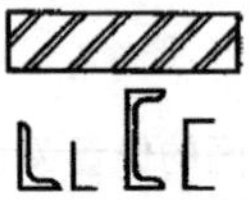	1）包括各种金属； 2）图形小时，可涂黑
21	网状材料		1）包括金属、塑料网状材料； 2）应注明具体材料名称
22	液体		应注明具体液体名称
23	玻璃		包括平板玻璃、磨砂玻璃、夹丝玻璃、钢化玻璃、中空玻璃、加层玻璃、镀膜玻璃等
24	橡胶		
25	塑料		包括各种软、硬塑料及有机玻璃等
26	防水材料		构造层次多或比例大时，采用上面图例
27	粉刷		本图例采用较稀的点

参 考 文 献

[1]   同济大学等. 房屋建筑学 [M]. 北京：中国建筑工业出版社，2006.

[2]   董晓峰. 房屋建筑学 [M]. 武汉：武汉理工大学出版社. 2013.

[3]   张文忠. 公共建筑设计原理 [M]. 北京：中国建筑工业出版社，2008.

[4]   朱昌廉. 住宅建筑设计原理 [M]. 北京：中国建筑工业出版社，2011.

[5]   邹颖等. 别墅建筑设计 [M]. 北京：中国建筑工业出版社，2000.

[6]   建筑设计资料委员会. 建筑设计资料集 [G]. 北京：中国建筑工业出版社，1994.

[7]   中小型民用建筑图集编委会. 中小型民用建筑图集 [G]. 北京：中国建筑工业出版社，1999.

[8]   中华人民共和国城乡建设部. 住宅设计规范 [S]. 北京：中国建筑工业出版社，2011.

[9]   中华人民共和国建设部. 办公建筑设计规范 [S]. 北京：中国建筑工业出版社，2007.

[10]   中华人民共和国建设部. 宿舍建筑设计规范 [S]. 北京：中国建筑工业出版社，2006.

[11]   中华人民共和国城乡建设部. 图书馆建筑设计规范 [S]. 北京：中国建筑工业出版社，2012.

[12]   刘建荣. 房屋建筑学课程设计任务书及设计基础知识 [M]. 北京：中国广播电视大学出版社，1993.

[13]   崔艳秋等. 房屋建筑学课程设计指导 [M]. 北京：中国建筑工业出版社，2009.